特养技术
轻松致富

蓝狐养殖
简单学

◎ 邢秀梅 任二军 主编

中国农业科学技术出版社

图书在版编目（CIP）数据

蓝狐养殖简单学／邢秀梅，任二军主编．—北京：中国
农业科学技术出版社，2015.1
　ISBN 978 - 7 - 5116 - 0867 - 3

Ⅰ.①蓝…　Ⅱ.①邢…②任…　Ⅲ.①狐 – 饲养管理
Ⅳ.①S865. 2

中国版本图书馆 CIP 数据核字（2014）第 306615 号

责任编辑	穆玉红　朱　绯
责任校对	贾晓红

出 版 者	中国农业科学技术出版社
	北京市中关村南大街 12 号　邮编：100081
电　　话	（010）82106626（编辑室）　（010）82109704（发行部）
	（010）82109709（读者服务部）
传　　真	（010）82106626
网　　址	http：//www. castp. cn
经 销 者	各地新华书店
印 刷 者	北京富泰印刷有限责任公司
开　　本	850mm ×1 168mm　1/32
印　　张	8.5
字　　数	220 千字
版　　次	2015 年 1 月第 1 版　2015 年 1 月第 1 次印刷
定　　价	19. 80 元

《蓝狐养殖简单学》编委会

主　编：邢秀梅　任二军

副主编：马永兴　荣　敏　刘汇涛　张铁涛

编　者（按姓氏笔画排列）：

于　淼　王夕国　朱秋艳　刘进军

刘　洁　孙　见　杨建辉　杨　颖

李彩虹　李淑娜　吴　琼　张英海

耿业业　涂剑锋

目　　录

第一章　蓝狐养殖投入轻松算

　　蓝狐舍环境的选择和建设是狐狸养殖技术中非常重要的一个环节，狐狸喜欢安静的环境，场址选择应尽量避开喧哗吵闹的市区，也应远离工厂和铁路。这样不但使狐狸有个好的休息和繁育的环境，而且有利于卫生防疫，减少疾病的传染。在设计狐舍的时候应对母狐区、公狐区、妊娠期母狐区、幼狐区进行分离，这样做不但有利于进行管理与饲养，而且有利于控制疾病的交叉感染，也使妊娠期母狐有个更好的繁殖环境。有条件的可以在狐舍周围独立建设妊娠期母狐养殖场地。

　　狐舍的建筑结构没有太大的要求，主要是利用当地的环境，减少养殖成本，发挥出狐狸的生产潜力，达到成活率高、产毛质量高的目的。母狐和公狐的狐舍的建筑结构没有什么区别。狐舍顶部用石棉瓦遮盖，防止雨季来临淋湿狐狸，也防止强烈的阳光灼伤狐狸的表皮，影响成活率和皮毛质量。狐舍四周可以用铁丝网搭建，也可以在狐舍的前后用铁丝网，左右用水泥板、木板搭建。狐舍的下面为悬空结构，使粪便顺其自然的排泄到地面，防止粪便在狐舍停留的时间过长，发霉变臭，孳生细菌，也有利于粪便的清理。妊娠期母狐要比母狐和公狐的狐舍的建筑结构上多一部分，主要是给妊娠期母狐提供一个好的分娩哺乳场所，他们之间是连接在一起的，有利于妊娠期母狐的进食和排泄，多出来的部分四周用水泥扳、木板、砖块搭建，可以并排搭建，也可以前后搭建，底部不再是悬空，需要铺盖稻草，给妊娠期母狐一个好的休息哺乳环境，也可以单独建立一个妊娠期母狐的居住环境。

一、蓝狐场建设

养殖场的建设可以划分为场区面积整体规划和投入，饲料间和生活建筑的投入，笼舍和笼具的投入，最后是生产设备的投入。根据养殖的规模大小，我们把它分成小型养殖场、中型养殖场和大型养殖场。

1. 小型养殖场（图1-1）

小型养殖场一般是以庭院养殖为主，养殖户在自己家的院子里养殖30只或50只种母狐进行自繁自养，平时主要利用业余时间进行管理，养殖投入以饲料投入最大，目前，正常饲料成本的算法是全年总的饲料投入除以当年育成以后的仔狐数量，按群平均成活率4只计算，每只成本大概在300～350元，群平均成活率越高，平均成本会越低。庭院养殖的场地建设投入很小，一般可以不计算成本。

每只狐狸的生存空间根据养殖规模可大可小，基本不会对狐狸的生长有很大的影响，主要是因为总的养殖数量小，即使养殖密度很大也不会造成局部空气质量不好的情况。但是，有一点需要注意，那就是排水问题，如果夏天雨水长期积存，形成高温高湿的环境，很容易引发各种疾病，尤其是肠道疾病和呼吸系统的疾病。

至于整体布局和规划就相对灵活很多，养殖户需要首先确定种母狐的位置，种母狐的管理是养殖过程的重中之重，它的作用相当于农民种地时土地的作用，如果土地没有准备好就开始种地会导致全年颗粒无收。种母狐的位置最后选择在背风向阳的地方，这有利于促进配种期母狐提前发情配种，一般发情配种早的母狐营养健康状况都很好，非常有利于后面的成活率。

图 1-1　小型养殖场

　　位置选好以后就是布置产窝的问题了，目前，国内使用的产窝有好多种，有用砖石结构的，砖石结构又分为两种：一种是小窝后面使用笼片结构的，仔狐分窝以后能利用它养殖皮狐，节约场地，利用率很高，但缺点是使用相对要麻烦一些，后面笼片部分需要用保温防风的材料密封好，防止天气突变时冻伤冻死刚出生的仔狐；另一种砖石结构的就相对简单了，四周全是砖石结构的，只是在顶部用石棉瓦盖住就行了，石棉瓦能够很方便的开启和关闭，有利于在仔狐出现意外时进行处理，产窝的底部一半也是用笼片或电镀网组成的，高度和前面的笼子底部平齐，一般狐狸窝都是成排的排列，东西走向，南北结构，类似于农村盖房子一样，南面是笼子，相当于院子，平时，种母狐在里边活动和采食，排便，临产前 3 天打开产窝门让它熟悉环境。

　　产窝的尺寸一般和养殖的笼子大小相当或略小，成本一般在

100~150 元，具体价格根据当地的原料和建筑工资来定。值得一提的是，砖石结构的狐狸窝里面一定要用水泥抹上一层，狐狸有打洞的天性，如果砖砌的不结实很容易被狐狸破坏，甚至两个窝之间被打通，这就会影响别的正在哺乳的母狐，会使母狐受到惊吓，造成很严重的后果。也有用木头箱子的，有用玻璃钢一次成型的，还有用水泥板拼成的，这几种材料做成的产窝成本相对砖石结构的要低，平均每个产窝的成本在 70 元左右。目前，山东地区很多养殖户使用的笼中笼受到大家的好评，其特点是成活率高，造价低，占地面积小，安装使用灵活，每个产笼的成本大概在 20 元左右，它是目前最经济实惠的一种。笼具的投入按目前最常用的冷拔丝点焊镀锌笼计算，笼子尺寸是高 60 厘米，长 90 厘米，宽 70 厘米，每斤 3 元，每个笼子按 17 斤*，每个笼子在 51 元左右，市场价格会随着钢铁的价格有所浮动。我们以 50只种母狐为基础计算总投入为：

①种兽的投入 500 元/只（每年的价格都不一样），得出投入钱数为 25 000 元（不包括公兽，现在一般都是去输精站配种）。

②产窝按笼中笼算，每个 20 元一共 1 000 元，笼子 250 个（种狐 50 个，仔狐 200 个），每个 51 元，一共 12 750元。

③石棉瓦每块 12 元，大概要用 300 块，一共 3 600元。

④食盆每套 5 元，一共是 250 套，总共 1 250元

以上几项为固定资产投入，总共 43 600元，如果按照平均每只母狐带活 4 只仔狐算，一共是 200 只仔狐，按 300 元每只算就是 60 000 元的周转资金。这就得出，养殖 50 只蓝狐种母狐头一年的总投入大概在 10.36 万元。

---

    * 1 斤 = 0.5 千克，全书同

图1-2 蓝狐笼

2. 中型养殖场（图1-3～图1-5）

中型养殖场养殖种母狐规模大约在200～600只，选择场址时大多远离居民居住区，水、电、交通都是要首先考虑的因素，地势要高，不能存水，通风要好，还要有充足的阳光，围墙不能太高，否则会影响通风，场区里最好种上一些树，但是密度不能太大，要有30%左右的光照面积。种狐区最好不要栽树，背光的地方会对狐狸的发情配种有影响。

场区的布局分为几个大的区域：种公狐区、种母狐区、皮狐区和生活区。种公狐区最好是安排在人工输精室的附近，到配种时期能够方便采精。种母狐的区域选择应该在背风向阳的地方。皮狐区应该规划在靠近饲料加工车间的地方，生长期皮狐需要的饲料量很大，如果饲料加工间太远会给饲养员带来很多麻烦。笼舍最好是东西走向，这样狐狸在笼子里能够自己选择比较舒适的日照程度，能够有效的躲避夏天太阳的暴晒。

笼子底部离地面的高度不能太小，最好能够高于60厘米，这样能够尽量减少粪便对狐狸的不良影响。

图 1-3　中型养殖场

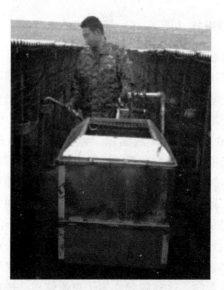

图 1-4　自动喂食车

中型养殖场的工作量很大，尤其是仔狐生长期需要采食大量的饲料，这时候最好是采用自动喂食车饲喂狐狸，这不仅能够大大的降低饲养员的劳动强度，同时能够很大程度上增加劳动效率。

中型养殖场一定要配备狐狸的自动饮水系统，并且一定要保证其正常的运行，这是保证狐狸健康生长的前提，因为如果狐狸生病了一定会导致采食量的下降，这时候如果没有充足干净的饮水会很快造成狐狸的病情加重甚至很快死亡。

中型养殖场应该对狐狸的养殖密度高度重视，按整个场区总平均面积，每只狐狸所占面积不能小于 2 平方米，密度过大会造成空气质量下降，从而引发狐狸的呼吸系统疾病。如果要建设一个种狐在 600 只的养狐场的话，年出产仔狐 2 000 只，那每年最高存栏 2 600 只，按每只 2 平方米计算，就可以知道 600 只种狐的养殖场最少需要的场地面积为 5 200 平方米，其中，包括饲养员的生活区。场区面积确定好以后，就要根据场地的实际情况来规划各个区域，区域的规划要因地制宜，不用千篇一律，通风、采光、排水和方便工作是场区布局的几个重要的考虑因素，狐狸笼舍的地面可以作为平时工作的道路，宽度大约在 1.3～1.5 米，宽度过小会造成通风不良，过大的话又会浪费土地面积。笼子底部距离地面在 70～80 厘米最好，这样既保证狐狸与地面粪便的距离，又能够方便饲养员对狐狸的健康和营养状态的观察。

关于饲料方面，中型养殖场有多种选择。

①可以选择品质较好的全价配合饲料，优点是方便省事，价格适中，但饲料的品质好坏完全取决于饲料厂家，一旦养殖过程中出现问题，饲料原因不能够完全排除。

②自己配制全价料，动物性蛋白全用烘干产品，比如，进口肉粉和进口鱼粉，植物性饲料需要经过膨化设备熟化后粉碎，按一定比例将动物性饲料和植物性饲料混合均匀就能够进行饲喂了。饲喂之前还要进行加水搅拌或制成颗粒才能吃到狐狸的口中。这就涉及一些简单的饲料加工设备，比如，干料搅拌机用来

将各种干粉饲料搅拌均匀，湿料搅拌机或膨化机用于饲喂前的最后一步加工，膨化机用于将谷物性饲料加工熟化，粉碎机将颗粒较大的饲料进一步粉碎。

③生鲜配合饲料，这是指动物性饲料全部或部分由新鲜肉类和鱼类组成。

饲喂新鲜动物饲料需要一个中小型的冷库和绞肉机，冷库用来保存动物性饲料，绞肉机用来将动物性饲料粉碎。新鲜的动物性饲料能够直接粉碎喂狐狸用，不用再加工熟化。

图1－5　冷库

饲料加工间的面积是根据实际养殖规模和饲养模式决定，以600只种狐为例，面积最好不要小于200平方米，过小的饲料加工间通风不好，在夏天高温高湿的情况下很容易造成饲料的霉变。

以600只种狐的规模计算投入成本如下。

①场地投入。前面提到600只种狐的饲养场，使用面积在5 200平方米，因为各地的建筑材料和施工费用不同，粗略估算大概需要15万~20万元，其中，包括围墙、饲养员宿舍、饲料加工间、冷库等建筑设施。土的使用费各地差异太大，无法估算。

②养殖设备投入。

种狐：600 只，按每只 500 元计算，共需要 30 万元。

笼子：按平均 500 只种母，平均成活 4 只算，一共存栏 2 600只狐狸，每个笼子养一只计算，共需要大概 13.26 万元。

石棉瓦：按四个笼子三块瓦计算，共需要 1 950块石棉瓦，每块 12 元，共需要 2.34 万元。

产笼：每个 20 元，500 个产笼，共需要 1 万元。

食盆：每套 5 元，2 600套，共需要 1.3 万元。

以上是固定财产的投资，大概需要 67.9 万元，周转资金（饲料、工人工资、水电等杂费）按 300 元每只计算，300 元×2 000只（种狐费用平摊进仔狐的费用中），共需要 60 万元，由此，我们就能知道投资一个 600 只种狐的饲养场，当年的总投入大概需要 127.9 万元。

3. 大型养殖场（图 1 - 6）

大型养殖场一般指年出产 1 万只以上皮狐的养殖场，种狐存栏在 2 800只以上。

图 1 - 6　大型养殖场

大型养殖场的选址和布局的原则与中型养殖场的选址和布局原则基本相同，但是也会有一些差异，比如说，场区太大，管理不是很方便，这就需要根据工人的管理能力，把大型种群分成若干个小群，小区之间用 1 米左右的矮墙隔离开，以 2 500 只种母狐为例，每位饲养员管理 300 只种母狐，可以将整个大群分成 8 个 300 一组的小群和一个 100 的小群，8 个大群为主力，100 个小群做先锋，有什么新的东西首先用在小群上，等试验成功了就在全场进行推广，这样做既能够不断的使用新的技术，也能够有效的避免使用新技术所带来的风险。

另外，大型养殖场一定要设立病兽隔离区，专门饲养发病的狐狸，尤其是传染性疾病，一定要及时的隔离治疗，否则很可能会引发大面积的传染病，造成灾难性的后果。大型的养殖场还要考虑到粪便的处理问题，最好在场区围墙以外用专门的堆积发酵的场地，能够很好的杀灭粪便中的各种有害病菌和寄生虫。

关于饲料加工的事情，一定要有专门的工人来做这项工作，大型的养殖场一定要严把饲料的质量关，决对不能使用来源不明或是发霉变质的饲料。

另外，在场区的某个利用率比较低的地方应该为饲养员建立一个娱乐活动中心，定期的组织饲养员进行养殖方面的学习交流和组织一些娱乐活动，为饲养员创造一个愉快舒服的工作环境，从而达到提高饲养员的饲养水平和增强企业的凝聚力的作用，真正的做到以人为本。

大型养殖场的投资可以参考中型养殖场的各项投入做预算，按 600 只种狐需要 127.9 万元计算的话，每只种狐平均花费 2 132 元，这就可以粗略的估算出养殖 2 800 只种狐，当年投入大约需要 596.96 万元。

二、狐种选择

目前，我国养殖蓝狐的主要品种为芬兰蓝狐、地产蓝狐、杂交改良狐以及人工培育的蓝狐的毛色突变种——彩狐，彩狐除了毛色具有本型特征外，体形与蓝狐无明显差异，彩狐主要有影狐、珍珠狐、白金狐、白狐、白化狐等。

1. 蓝狐的选种依据

蓝狐的选种是为了获得优质毛皮。因此，必须把提高毛皮质量放在育种工作的首位。种狐质量的好坏，对生产起着决定性的作用，良种就是养殖业的生命力。

（1）个体品质鉴定

①蓝狐选种的原则。蓝狐的个体选择要求毛绒浅蓝，针毛平齐，长度 4 厘米左右；绒毛色正，长度 2.5 厘米左右，密度适中，不宜带褐色或白色。银色强度大，尾部毛绒颜色与全身毛色一致，没有褐斑，毛绒密度大，有弹性，绒毛无缠结。公母狐要求性情服顺。毛绒品质标准见表 1-1。

表 1-1　蓝狐毛绒品质标准

项　目	一　级	二　级	三　级
综合印象	优秀	良好	一般
躯干和尾部毛色	蓝	蓝色及带褐色	褐色或带白色
光泽强度	大	中等	微弱
针毛长度	正常、平齐	很长、不太平齐	短、不平齐
毛绒密度	稍密	不很稠密	稍稀
毛的弹性	有弹性	柔软	粗糙
绒毛缠结	无	轻微	不大，全身都有

种狐的品质鉴定分育成幼狐和成年狐分别进行。留种原则，公狐应达到一级，母狐应达二级以上。幼狐分 3 次进行。初选在断乳分窝时，复选在 9 月下旬，精选在在 11 月中旬进行。成年

狐的选择在繁殖结束后（公狐6月中旬至7月中旬，母狐在7月中旬）进行。第二次在11月中、下旬进行。等级评分最好采用百分制。

②体型鉴定。通过体型鉴定，可以了解蓝狐身体各部位结构的优缺点，体质的结实程度、生长发育和健康状况，是进行选种工作的基础。蓝狐的体型鉴定一般采用观察和测量相结合的方式进行，体长是指鼻端到尾根的水平距离。狐的体型鉴定主要观察以下几个部位。

头：头的大小应和身躯的长短相适应，头大体躯小或头小体躯大都不符合要求。

鼻和口腔：鼻孔轮廓应明显，鼻孔大，黏膜呈粉红色，鼻镜湿润，无鼻液。口腔黏膜无溃疡，下颌无流涎。

眼和耳：注意观察结膜是否充血，角膜是否混浊，是否流泪或有浓液分泌物等。眼睛要圆大明亮，活泼有神；耳直立稍倾向两侧，耳背、耳尖无癣痂，耳内无黄褐色积垢。

颈：要求颈和躯干相协调，并附有发达的肌肉。

胸：要求胸深而宽，胸的宽窄是全身肌肉发育程度的重要标志，窄胸是发育不良和体质弱的表现。

背腰和臀部：要求背腰长而宽，要直，凸背、凹背都不理想，用手触摸脊椎骨时，以脊椎骨略能分辨，但又不十分清楚为宜。臀部长而宽圆，母狐要求臀部发达。

腹部：前部应与胸下缘在同一水平线上，在靠近腰的部分应稍向上弯曲，乳头正常。乳头6对以上。

四肢：前肢粗壮，伸屈灵活，后肢长，肌肉发达、紧凑。

生殖器：公狐睾丸大、有弹力，两侧对称，隐睾或单睾都不能做种用。母狐阴部无炎症。

③繁殖力鉴定。成年公狐睾丸发育良好，交配早，性欲旺盛，配种能力强，性情温顺，无恶癖，择偶性不强。配种次数

8～10次，精液品质良好，受配母狐产仔率高，胎产多，年龄2～5岁。

成年母狐发情早，不迟于3月中旬，性情温顺；产仔7只以上；母性强，泌乳能力好。凡是生殖器官畸形、发情晚、母性不强、缺乳、爱剩食、自咬或患慢性胃肠炎或其他慢性疾病的母狐，一律不能留作种用。

当年幼狐应选双亲体况健壮、胎产7只以上者；在5月25日以前出生的发育正常的幼狐留做种用。

（2）谱系鉴定

谱系鉴定需要了解种狐个体间的血缘关系。将3代祖先范围内有血缘关系的个体归在一亲属群内。然后分清亲属个体的主要特征，如毛绒品质、体型、繁殖力等进行比较，选出优良个体，并在后代中留种。

（3）后裔鉴定

根据后裔的生产性能考察种狐的品质、遗传性能和种用价值。后裔生产性能的比较方法有3种：即后裔与亲代之间，不同后裔之间，后裔与全群平均生产指标比较等。根据育种卡片登记的信息，对种狐进行选择。

（4）基础群的建立

种狐的年龄组成对生产有一定的影响，如果当年幼狐留得过多，不仅公狐利用率低，而且母狐发情晚，不集中，推迟配种期。良好的基础种狐群，合理的年龄组成，是稳产、高产的前提。较理想的种狐年龄结构是当年幼狐占25%，2岁龄狐占35%，3岁龄狐占30%，4～5岁龄狐占10%。公母比例以1：3或1：3.5较适宜，如果人工输精，公母比例为1：（25～30）。在种狐群中，当年幼狐比例较大时，可多留几只公狐。

在一个繁殖季节里，种公狐参加配种的数量与种公狐总数之比称为种公狐的配种率。实践证明，种公狐各个年龄间的配种率差异显著。其中，3~4 岁龄的配种率最高，2 岁龄次之，最低的是 1 岁龄狐。因此，在留种时一定要注意种公狐的年龄结构。如果 1 岁龄种公狐比例很大，由于种公狐配种能力差，就会造成发情母狐失配的现象。

2. 选种

选种本身并不能影响到遗传物质本身，但它能改变不同基因的频率，当不断选留具有优良性状的狐时，会使优良性状基因的频率增加，对数量性状有利的基因得到积累，从而提高种群的质量。选种对遗传力较高的数量性状，如体重、体长、毛绒细度、毛长等有着明显的改良作用，选种可以使这些性状在育种中取得明显的效果。而产仔率、泌乳力、产仔数等繁殖性状，主要受非加性基因的作用，遗传力低，所以改良效果较小。

选种是饲养场的一项经常性工作，每年至少进行 3 次选择，即初选、复选和猜选。

（1）初选

当年仔狐在断乳分窝时进行，主要根据亲代的生产性能，母狐产期早，产仔多，仔狐生长发育快，成活率高的进行初选。一般选择 5 月 20 日前出生的，幼狐应比计划数多留30%~40%。成年公狐的选种在配种后期进行，除要毛色好外，配种能力一定要强，配种次数在 10 次以上，它所配的母狐，产仔率和成活率均高，年龄在 4 岁以内方可留为种，对配种能力差，精液品质不好的公狐要及时淘汰；成年母狐的选择在产仔狐分窝后进行，种母狐要选产仔 7 只以上，母性强，泌乳力高，哺乳仔狐发育正常而且发情早（蓝狐在 3 月发情）的留种，反之则淘汰。

（2）复选

一般在 9 月进行，此时幼狐的生长发育基本定型，在初选的基础上进行复选，要选择发育正常、体质健壮、毛绒品质好、体型大、换毛早的个体留种，分群饲养，定向培育。对于发育不良，经常患病及换毛晚的个体要严格淘汰；成年种狐因配种、产仔，体质恢复差、换毛晚、经常患病的也要淘汰，复选比计划多留20%～25%，复选为终选打好基础。

（3）终选

在11月取皮之前，根据毛绒品质、生产记录、亲代记录和后裔品质的好坏进行严格选种。终选要侧重毛皮质量，严格选留，不合要求的一律淘汰。终选时要求针毛和绒毛呈淡蓝色，无褐色和杂毛，银色强度大，针毛稠密而有光泽，绒毛不缠结，12月份体重应达到种狐标准。体型小或畸形者，营养不良、经常患病、食欲不振、换毛推迟者也要淘汰。

3. 选配

选配是选种工作的继续，以巩固和提高双亲的优良品质，有目的、有计划地培育新的有益性状，达到获得理想后代为目的。选配通常从双亲主要性状的品质和血缘关系、年龄等几方面考虑。

（1）同质选配

同质选配是选择优点相同的公母狐交配，目的在于巩固并发展这些优良品质。同质选配时，在主要性状上，公狐的表型值不能低于母狐的表型值。公狐的毛绒品质，特别是毛色一定要优于母狐，毛绒品质差的公狐不能与毛绒品质好的母狐交配。

（2）异质选配

是选择主要性状上互不相同的公母狐交配，目的在于以一方的优点纠正或补充另一方的缺点或不足，或者结合双亲的优点培育出新品种或品系。

（3）体型选配

应以大型公狐与大或中型母狐交配，不应采用大公配小母和小公配大母以及小公配小母等作法。在生产中可采用群体选配，其方法是把优点相同的母狐归类在一起，选几只适宜的公狐，共同组成一个选配群，在群内可采用随机交配。

近交可使一些有害的隐性基因纯合，从而生长发育受阻，出现生活力下降等现象。因此，在生产中要避免近交，但是，要培育新品种，则必须进行近交，使基因的纯合性增加，将优良性状相对稳定下来。

4. 杂交改良（图1-7~图1-9）

如果本场狐群毛绒质量差、体型小、繁殖力低时，可采用杂交的方法改良狐群的品质。级进杂交能较快地改良原有品质低劣的狐群，第一代杂交效果显著，以后逐代级进系数分别为25%、12.5%、6.25%和3.125%，因此，级进4~5代后不必再继续回交，而进行自群繁育。

我国自1996年，从芬兰引进大型芬兰狐改良我国地产狐，取得了良好的效果。在杂交改良时，以地产狐作母本，芬兰狐为父本，级进杂交到第4代或第5代，在体型和毛皮质量方面接近原种时，再横交固定。通过杂交改良，使我国的蓝狐在体型大小、皮张尺码及毛皮质量都有了大幅提高。

（1）地产狐、芬兰狐、杂交狐的生产性能比较

地产狐具有母性好、产仔多、育成率高的优点，但体重小、毛绒短、皮张小、商品性差；引进的芬兰蓝狐毛绒长、体尺大、品质好，但其母性差、产仔少、育成率低。以引进蓝狐为父本，以地产蓝狐为母本，生产和育成更多仔狐，后代拥有父本优秀的表现，提高皮张品质和市场效益。地产蓝狐胎产10只左右，成活率90%以上，体重3~7千克，毛绒较短，长度2~3.5厘米，取皮尺码小，约70~90厘米，皮张品质差，档次低。芬兰蓝狐，成狐体重15千克左右，毛绒长度3.5~5厘米，皮张尺码90~

130 厘米，品质优良。但国外引进的芬兰原种母狐，母狐个体大，行动笨拙，加之奶水少，母性差，仔狐时常被压死，第一个生产周期每胎产仔狐 6~8 只，成活率仅 60% 左右，实际断奶活仔 4 只左右，饲养管理条件要求较高，成狐育成的成本高，繁殖主要种用，若作为屠宰加工商品皮张，其经济效益不高。杂交改良技术，成为整合双亲所长最经济、最有效的手段，对地产种母狐群进行优选，引进优秀芬兰种公狐父本，生产的杂交狐兼具双亲的优点，杂交优势明显。出生的仔狐数量多，育成率高，杂交狐整合双亲所长，兼具双亲优点，长势好，个体大，有的甚至超过父本，具有适应性好、抗病力强的特点，毛绒长度和皮张品种显著改善，杂交优势明显。地产狐与杂交狐生产性能对比见表 1-2。

表 1-2 地产狐及杂交狐生产性能

项 目	成狐体重 （千克）	毛绒长度 （厘米）	育成率 D （%）	育成数 （只）	皮张尺码 （厘米）
地产狐	3~7	2~3.5	90	9.5	70~90
芬兰狐	8~15	3.5~5	60	4.5	90~130
杂交狐	8~15	3.5~5	90	9.2	90~130

（2）地产狐和杂交狐生产效益分析

个体优秀的地产蓝狐，繁殖力强，胎产仔狐达 10.2 只，母性好，奶水足，仔狐 45 天断奶成活率达 90% 以上，每胎断奶活仔不少于 9 只，杂交蓝狐 6 月龄几近成年体重 8~15 千克，即可屠宰取皮，其表型性能接近父本，皮张尺码达到 90~130 厘米，皮张品质优良，优等率高，每张价格 600~1 000 元，比地产狐皮每张就增加收入 400~500 元；杂交狐和地产狐，在管理方面没有太大差异，但其体重是地产狐的 2 倍，其饲料消耗相应地要多一些，一只地产狐全程饲料成本为 120 元左右，而一只杂交狐全

图1-7 芬兰狐

图1-8 地产狐

图1-9 杂交狐

程饲料成本为180元左右，饲料成本增加60元，但每只杂交狐皮张的收入比地产狐增加400元以上，每胎比纯种蓝狐每胎增加成活仔狐5只，生产的皮张品质优良，优等率达到95%，市场销路好，每胎可增收2 500元以上。

第二章 熟悉蓝狐小习惯

　　蓝狐又称北极狐，是食肉目，犬科，北极狐属。原产于亚、欧和北美北部近北冰洋一带及北美南部沼泽地区和部分森林沼泽地区，如阿拉斯加、北千岛、阿留申群岛、库曼多、格林兰岛等地。在野生状态下有两种毛色：一种是白色北极狐，其毛色在冬季为白色，其他季节毛色变深；另一种是浅蓝色北极狐，其毛色有较大变异，由浅黄到深褐色，从浅灰、浅蓝到接近黑色，它有时可生下白色北极狐（图 2-1，图 2-2）。

　　蓝狐吻短，耳宽圆，四肢矮短，体型肥胖，被毛丰厚，针毛短，绒毛厚，四肢下端被覆密毛。成年公狐比母狐大 5% ~7%，公狐平均体重 5.5~7.5 千克，体长 65~75 厘米，尾长 25~30 厘米；母狐体重 4.5~6.0 千克，体长 55~75 厘米。

图 2-1　白色北极狐

图 2-2　浅蓝色北极狐

一、蓝狐的捕食习惯

　　蓝狐食性较杂，以食肉为主，白天常卧于洞穴中睡觉，晚间出来觅食，当晚间采集的食物不能满足要求时，白天也为饱腹而奔波。时常形成小群寻找食物，多采用偷袭的方式猎取食物。野生蓝狐主要以海鸟、鸟卵、北极鼠、啼兔和其他小型啮齿类动物及蛙、鱼、昆虫等小动物为食，有时也采食植物秆实、根、茎、叶、浆果等。在食物缺乏时，也跟在北极熊的后面食用海豹或鱼的尸肉，蓝狐的同伴间有时也互相争夺尸肉，有时也共同食用。蓝狐行动敏捷，有时也会窃取印第安人和爱斯基摩人的存食，伤人的现象也时有发生。

狐常以埋伏的方式猎取食物，也有以戏耍的方式接近猎物，然后快速跳跃捕捉。当一次捕食吃不完时，会把多余的食物贮存在松土、树叶或积雪下面，饥饿无食时食用；并习惯把贮藏的食物的地点伪装起来，排尿做标记；狐的耐饥性很强，几天不吃食物仍能维持生命活动；蓝狐之间生存斗争相当激烈，往往弱肉强食。

二、蓝狐的繁殖特征

蓝狐属季节性繁殖动物，无论是在自然环境还是人工饲养条件下，蓝狐每年只繁殖一次，这是狐在长期历史进化过程中形成的繁殖规律。在笼养情况下，幼狐长到 9 ~ 11 月龄时，生殖器官生长发育基本完成，开始产生具有生殖能力的性细胞（精子和卵子），并分泌性激素，具备了繁殖后代的能力，达到了性成熟。但狐属于季节性一次发情动物，每年只有在繁殖季节里才能表现出发情、交配、排卵、射精、受孕等性行为。而在非繁殖季节，公狐的睾丸和母狐的卵巢都处于静止状态。每年 2 ~ 4 月发情配种，平均每胎产仔 8 ~ 10 只，在笼养条件下有产 22 只的记录。蓝狐妊娠期为 50 ~ 58 天，平均计算 51 ~ 52 天。

1. 公狐生殖器官解剖及性周期变化特点

公狐生殖器官由性腺（即睾丸）、输精管道（即附睾、输精管、尿生殖道）、副性腺（前列腺和尿道球腺）和外生殖器（即阴茎）组成。睾丸形如卵状，位于腹股沟和肛门区之间的阴囊内，公狐没有精囊腺，但前列腺十分发达，呈球形，位于尿道的起始部。阴茎长 10~15 厘米，外形长而尖，有阴茎骨，长 6~8 厘米。阴茎的海绵体组织包裹着阴茎骨，形成两个细长的膨大体，在阴茎约 1/2 处分列两侧。当交配时，公狐阴茎两次充血，第一次充血使阴茎勃起插入母狐阴道内；第二次充血时阴茎中部的两球状膨大体，使阴茎锁紧在阴道内，直到射精完毕。习惯上把这种现象成为"连裆"或"连锁"。这是部分犬科动物所独有的一种现象。

公狐的生殖器官受光周期影响而出现明显的季节变化。公狐在非发情期（5~10 月）睾丸直径 5 厘米左右，质地坚硬，附睾中没有成熟精子，阴囊布满毛贴于腹侧，外观不明显。秋分（9 月 22~24 日）时开始发育，到小雪（11 月 22~23 日）期间睾丸直径达到 16~18 厘米，冬至（12 月 21~23 日）后生长速度加快。1~2 月初直径可达 2.5 厘米（比非发情期增大 5 倍），质地松软有弹性，附睾中有成熟精子。阴囊被毛稀疏、下垂且明显易见。公狐有性欲要求，可进行交配，配种期间 60~90 天始终有性欲，后 1 个月内性欲逐渐降低，性情暴躁，有时扑咬母狐，但对发情好而温顺的母狐也可达成交配。发情结束后睾丸很快萎缩，到 5 月恢复到非发情期大小。幼龄公狐随身体生长性器官逐渐成熟，以后性周期变化与成年公狐相同。

2. 母狐性周期变化特点

母狐的生殖器官由外生殖器和内生殖器组成，内生殖器包括卵巢、输卵管、子宫、阴道，外生殖器包括尿生殖前庭、阴唇和阴蒂。母狐的卵巢位于第 3 和第 4 腰椎处、肾的后缘附近，发情期长 2 厘米，宽 1.5 厘米，呈扁平椭圆状，灰红色。输卵管全部被脂肪组织覆盖，长 5~7 厘米。子宫为双角子宫，子宫角和子宫体由子宫阔韧带吊在腰下部和骨盆的两侧壁上。子宫角长度为 12~15 厘米。子宫黏膜形成许多呈卷曲状的纵向皱褶，子宫体长度约 2~3 厘米，前部较薄，后部较厚子宫颈突出入阴道，形成阴道穹窿。阴道较长，6~8 厘米，前端与子宫颈相连，后部接尿生殖前庭。前庭有两个发达的球状体，交配时，由于这两个球体胀大，前庭受到刺激而剧烈收缩，使阴茎在整个交配期间紧锁在阴道内。狐的阴门上圆下尖，比较发达。非繁殖季节由阴毛覆盖。

　　母狐的生殖器官在夏季（6~8 月）也处于静止状态，卵巢、子宫和阴道的体积最小。8 月末至 10 月中旬卵巢的体积逐渐增大，滤泡开始发育，黄体开始退化，到 11 月黄体消失，滤泡迅速增长，到 1 月底至 2 月上旬可有发育成熟的滤泡或卵子，整个发育期为 1 月中旬到 4 月中旬。子宫和阴道也随卵巢的发育而变化，此期体积和重量也明显增大。交配后的母狐进入妊娠期和产仔期，而未受孕的母狐又恢复到静止期。母狐是自发性排卵动物，排卵时两卵巢可交替进行。在一次发情中所产生的滤泡不是同时成熟和排卵，与母猪一样是陆续排卵，先成熟的卵泡先排卵，一般只交配一次的母狐，妊娠率只有 70% 左右，而且每胎的产仔数也少；如果第二天复配的母狐，妊娠率可达 85% 左右，复配 3 次的母狐，几乎全部妊娠，每胎产仔数也多。

　　发情时间：北极狐 2 月中旬到 4 月中下旬。经产母狐早于初产母狐；饲养条件好的早于饲养条件差的。

3. 狐的交配行为

狐和其他动物一样，也有固定的交配行为。狐的性行为是发情的公母狐表现出的一种协调的、由动物体内部和外部的特殊刺激而引起的特殊反应。公母狐有不同的表现形式。

进入繁殖季节，走近狐场可听到一种特殊的"嗷嗷"的叫声，特别是晚上叫声传的相对较远，也比较频繁，这是狐的求偶叫声，作为狐传递信号的气味也要比平时浓。在野生状态下，狐过着独居的生活，当繁殖季节来临，狐通过声音和气味同异性取得联系而聚集在一起。叫声和气味还能起到诱情的作用。

求偶是狐交配前的必经过程。求偶的时间长短不一，有的时间长些，有的短时即可达成交配。发情的公母狐放到同一个笼子内，开始互闻阴部，而后公狐频频撒尿，一圈定自己的势力范围，向其他公狐显示此母狐已被它占有。母狐则表现温顺，相互戏耍性咬逗，随后，母狐静立翘尾。公狐经过求偶过程，有了较强的性冲动，开始爬跨母狐。当公狐爬跨母狐时，情绪昂奋，精力集中，前肢仅仅搂抱母狐的后胯部，后躯前后频频抽动，后肢用力蹬踏网底。射精时，后肢臀部极速抖动，闭眼睛，呼吸紧张，尾根轻轻扇动。射精后，公狐立即从母狐背上转身滑下，但公、母狐仍然粘连在一起，形成连裆两头挣现象（阴茎和龟头因高度充血而嵌留在阴道里）。交配时间一般为 20～30 分钟，个别可达 1～2 个小时。交配结束后，公母狐分开，公狐由于疲劳安静的卧在一旁，不断用舌舔仍未完全缩回到包皮内的阴茎或静静的饮水，对母狐失去了兴趣。母狐则表现出特有的兴奋，在公狐旁边前肢匍匐，蹦来蹦去，摆头晃尾。在配种时，也偶见交配时间短的，只见交配而不出现连裆现象，这时可检查母狐阴道内是否有精子，从而确认是否交配成功；否则，可找另一只公狐进行交配（图 2-3，图 2-4）。

　　狐的交配行为是繁殖季节常见的现象，但对于诱导发情、调教公狐和人工输精工作有着重要意义。

图2-3　放对

图2-4　连档

三、蓝狐的换毛特点

1. 蓝狐换毛的时间和换毛顺序

成年蓝狐每年换毛一次,从早春 3~4 月开始。先从头、前肢开始换毛,其次为颈、肩和后肢、前背、体侧、腹部、后背,最后是臀部与尾根部绒毛一片片脱落。新绒毛生长的顺序与脱毛相同。7~8 月,剩下没有脱掉的粗毛长针大量脱落,冬毛基本脱落。春天长出的毛,在夏初便停止生长,7 月末开始新的针、绒毛快速生长,一直到 11 月形成冬季长而稠密的被毛。因此,冬毛和夏毛之间在结构上大不相同。12 月初或中旬冬毛基本成熟,狐皮属于晚成熟类型。

2. 影响蓝狐换毛的主要因素

(1) 饲料营养

蓝狐进入育成后期新陈代谢及生长发育快,繁殖和换毛等生命活动所必需的营养物质,包括氨基酸,主要的氨基酸有色氨酸、赖氨酸、组氨酸、蛋氨酸、亮氨酸等,以及蛋白质脂肪、碳水化合物、维生素、微量元素、矿物质和水分等,饲养狐狸用的饲料种类很多,所含的各种营养物质,饲料的品质优劣也有差异,这些都直接影响狐狸的生长发育、繁殖和换毛。采用不同的饲料种类和饲喂数量、时间、制度,可产生不同的生产效果。营养全价的饲料能充分发挥蓝狐的生产性能,生产出优质的皮张,如果换毛季节营养不全价,会造成夏毛脱落不净,在蓝狐背部及全身长满厚厚的黑绒毛,冬毛长不出来,严重影响毛皮质量。

(2) 气候条件

气温的高低也会影响针绒毛的密度,我国东北三省的蓝狐皮长势较好，比山东、河北的蓝狐针毛长势齐，皮张售价高。光照强度会影响毛色深浅，气候寒冷蓝狐针毛绒毛长的齐密。品种类型和个体差异，如芬兰原种北极狐其毛绒密，品质好，毛色蓝，而地产狐毛绒品质不好，毛色有的黑灰，有的毛色很白，绒毛不齐，不同类型的蓝狐颜色其冬毛成熟期的早晚也是有区别的。一般情况下蓝狐早变白浅色成熟越早，早变白浅色的蓝狐就没有长势了。一般公狐比母狐性成熟早，多数公狐比母狐早成熟45天。健康体况好的蓝狐冬毛成熟也早，体况不好的换毛晚。

（3）光照影响

蓝狐是季节性繁殖的哺乳动物、一年一次季节性换毛的动物。这种季节性的生殖和换毛是由于蓝狐生活在北纬45℃以上的地区，长期适应这种高纬度地区的环境条件，经自然选择并通过遗传固定下来的适应性，而成为蓝狐的突出特征。9月末蓝狐生殖器官开始缓慢发育，同时夏毛脱落，冬毛长出，进入10月初光照时间缩短，经过6个月的生长发育，冬毛发育已成熟，10月份脱夏毛长冬毛是短日照反应。翌年3月日照时间继续增加，白天开始长于黑夜，冬毛脱落，夏毛长出。直至夏毛发育成熟是长日照反应。人工控制光周期变化，以改变蓝狐生殖与换毛周期，要想让蓝狐早发情、早产仔、早换毛就要人工增加光照时间，增加温度，狐场周围用石棉瓦围上，防北风吹。要想让蓝狐晚发情配种，晚换毛，应控制光照时间，把蓝狐放入空屋内，把窗户光线挡上，每天供给狐狸4~6小时光照时间，就能推后发情配种，在理论上说明了光周期变化规律与生殖、换毛周期密切相关的内在规律。夏毛一旦长出或完成生长发育，人工缩短每天光照时间可加速夏毛脱落，开始冬毛的生长发育，但冬毛生长发育的速度是恒定的，与开始缩短光照时间的日期无关。进入10月初，随着光照时间的缩短，夏毛开始脱落，冬毛开始长出，从10月初到冬毛生长发育的完成，须经80~90天。蓝狐冬毛的成熟一般是在 11 月中旬至 12 月中旬，实践证明，只要蓝狐夏毛长出，无论是否发育成熟，随之逐渐缩短每天的日照时间，经过 80～90 天，冬毛即可发育成熟。

（4）疾病因素

蓝狐患胃肠炎影响体质发育，毛管发焦，影响换毛，喂了腐败、变质饲料，频频更换饲料品种，饲料中混有异物或维生素给量不足等都十分敏感，可导致胃肠黏膜发生炎症，使胃肠蠕动机能紊乱和分泌障碍，常表现为腹泻，甚至排绿色稀便，有时呕吐，食欲减退，有时也不吃食。饲料要新鲜，不喂变质的饲料，饲料品种要保持相对稳定，尽可能地不要随意更换，必须更换饲料时，一定要逐步进行，给狐适应过程，不致发病。可在饲料内加土霉素，每只每天 0.25～0.50 克，同时肌内注射复方维生素 B_2 毫升，肌内注射氨苄西林钠 0.5 克和复合维生素 B_2 毫升。

四、蓝狐的运动特点

野生蓝狐一般生活在沿海岛屿和河流沿岸的沼泽地，能沿峭壁爬行，会游泳，还能爬倾斜的树。白天多栖息在洞穴内，夜间出来活动与觅食。狐行动敏捷，善于奔跑，嗅觉和听觉都十分灵敏。狐生性狡猾多疑，警觉性强，机警灵活，记忆力强。在人工笼养的条件下，其野性并未完全改变，周围环境的改变和对狐的刺激，常易引起惊恐和应激反应。一般独来独往，只有在发情季节公母才聚集到一起。蓝狐抗寒能力强，不耐炎热，喜欢干燥、空气新鲜、清洁的环境。

第三章　蓝狐每天吃什么

一、蓝狐的营养需要有哪些

　　营养是有机体消化吸收食物并利用食物中的有效成分来维持生命活动、修补机体组织、生长和生产的全部过程。食物中的有效成分能够被有机体用以维持生命或生产产品的一切化学物质，就是我们通常所说的营养物质或营养素、养分。

　　蓝狐的营养需要是指蓝狐在维持生存、繁殖等正常的生命活动中，必须从体外吸收的各种营养物质，这些营养物质广泛存在于自然界中，以有机物的形式存在于动、植物的有机体中，部分矿物质存在于无机体中，主要包括蛋白质、脂肪、碳水化合物、维生素、矿物质、水等。其中，可以提供能量的有蛋白质、脂肪和碳水化合物，其余3类不能提供能量，但是在维持动物生命活动中所必需。

　　蓝狐在自然界中因为生活环境复杂多变，采食范围相对比较广泛，但属于偏肉食性的杂食动物，这与其消化道的结构是相关的，因为其肠道长度只有体长的 5~6 倍，所以主要针对动物性饲料消化利用率更高，但是，目前随着各种酶制剂产品的开发研究，各种植物性饲料原料的营养物质利用率也得以显著改善增加，特别是在目前动物性原料紧缺的情况下，蓝狐从植物性饲料原料中获取营养物质的比例开始逐渐提高。

1. 蛋白质

蛋白质是生命的物质基础，所有的细胞均含有蛋白质。饲料中的蛋白质在动物消化道内被水解成氨基酸而吸收入体内，再进而由氨基酸合成动物体蛋白质，合成的蛋白质是体内组织细胞的组成成分，占细胞干重的 50% 以上。因此，蛋白质在动物生产中起至关重要作用，在饲料中必须保证足够的蛋白质含量。

蛋白质在蓝狐生产中有重要的作用，是构成肌肉、软骨、神经、皮肤、各种器官、血液、毛绒等各种组织的主要成分，它还含有各种组织的修补和更新、精子和卵子的生成、新陈代谢过程中所需要的酶、激素、色素等。蛋白质供应不足时，会引起体重减轻、生长发育缓慢、抗病力差。繁殖期的公兽会出现精子数量减少，精液品质下降；母兽发情及性周期异常，不易受孕或胎儿发育不良，甚至产生畸胎、死胎等。因为蛋白质的营养是其他营养物质无法替代的，因此，蓝狐的日粮中必须保证足够的蛋白质供应。

在蓝狐的生长季节，必须依靠饲料中的蛋白质来满足肌肉和骨骼的生长需要。成年的蓝狐需要蛋白质来满足机体的正常新陈代谢。妊娠蓝狐胚胎的生长发育需要蛋白质。哺乳期的蓝狐需要蛋白质来满足产奶的需要。除此之外，蛋白质在动物机体内还具有多种生物学功能，像作为抗体、作为激素、作为酶的功能等。当饲料中供给蛋白质超过蓝狐的需求后，多余的蛋白质会分解供能或转化为糖原和脂肪。每克蛋白质在机体内完全氧化可以产生 4.5 千卡能量。蓝狐根据各个不同的生产时期，可消化蛋白在饲料总能量中所占据的比例不相同，根据芬兰多年养殖的经验得出，12 月至产仔期为 40%～50%，哺乳期至 7 月 15 日为 42%～45%，7 月 15 日至 9 月 1 日为 35%～38%，9 月 1 日至取皮为 30%～35%。蓝狐对饲料中蛋白质的消化主要是消化道分泌的蛋白酶对蛋白质的水解过程。其最终主要在小肠十二指肠部位以氨基酸的形式被吸收利用。

蓝狐对于蛋白质的营养在很大程度上就是氨基酸的营养。蛋白质是由氨基酸以共价多肽链的方式形成的生物大分子物质，即氨基酸的聚合物。自然界中存在的氨基酸超过 200 种，但是，构成蛋白质的氨基酸只有 20 种。在这些氨基酸中，有些在动物体内不能合成或合成量不能满足需要，称为必需氨基酸。必需氨基酸必须由饲料提供。非必需氨基酸指体内能够合成而不必由饲料提供的氨基酸。必需氨基酸根据动物不同、年龄阶段不同而有所区别，生长猪的必需氨基酸有 10 种，包括赖氨酸、蛋氨酸、苏氨酸、色氨酸、异亮氨酸、缬氨酸、苯丙氨酸、组氨酸、亮氨酸、精氨酸。对于成年猪，精氨酸不是必需氨基酸。生长家禽的必需氨基酸共 11 种，在生长猪所必需氨基酸基础上添加甘氨酸。水貂的必需氨基酸也为 11 种，在生长猪所必需氨基酸基础上添加胱氨酸。对于蓝狐必需氨基酸的研究目前还不能准确确定，但是，因为蓝狐和水貂同属于毛皮动物，主要以获取皮毛为主，所以，假设它对必需氨基酸的需求等同于水貂。蓝狐的皮毛中大约有 20% 的蛋白质是由胱氨酸和蛋氨酸组成，同时这两种氨基酸对于动物的生长也极为重要，因此，在毛皮动物中，必须注意含硫氨基酸的供给。另外，赖氨酸、色氨酸、苏氨酸和精氨酸对蓝狐的生长发育来说也至关重要。

饲料中氨基酸含量及种类越全，就越能满足机体对氨基酸的需要。但是，在合成蛋白质的过程中，各种氨基酸的需求是存在一定的比例的，即所谓氨基酸平衡模式。如果想让氨基酸或蛋白质的生物利用价值更高，就要把各种氨基酸特别是必需氨基酸，尽可能搭配到同一个水平上，这样才能更好地消化吸收。因为氨基酸有"短板效应"，如果把蛋白质比喻为木桶，20 种氨基酸就好像一个木桶的 20 块板子一样，只有全都一样高才能够装水装得更多；如果有一两块板子特别短，就会以最短的板子作为氨基酸吸收的水平，而剩下的其他几种氨基酸虽然也能被机体吸收，却无法被利用，只能变为热量消耗掉（图3-1）。对于蓝狐的理想"氨基酸平衡模式"目前的研究还相对较少，为保证良好的吸收，对于蓝狐饲料中提供的可消化动植物蛋白质要求尽可能的多样化。

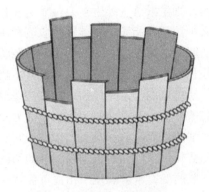

图3-1　氨基酸"短板效应"

蛋白质饲料价格昂贵，在生产中需注意蛋白质的合理利用，注意含不同氨基酸的蛋白质饲料之间的相互搭配，提高蛋白质的生物学效价，在保证动物健康生长的条件下，适量减少蛋白质的使用量，以节省饲料成本，减少粪便中的氮对环境造成的污染，有利于保护环境。

2. 脂肪

脂肪是含能最高的营养素，可吸收脂肪转换能量为9.5千卡/克，是供给蓝狐能量的重要原料，1克脂肪氧化分解所产生的热能相当于2.25克碳水化合物产生的热能。日粮脂肪作为供能营养素，热增耗最低，消化能或代谢能转变成净能的利用效率比蛋白质和碳水化合物高5%～10%。蓝狐采食日粮中的脂肪除直接供能外，多余的脂肪转变成体脂肪沉积在皮下、肠系膜、肾脏周围和肌肉间隙等，用以储备营养和保持体温，冷环境下可以防止体热散失过快，从而可以抵御寒冷的冬季。同时，因为蓝狐皮下脂肪的沉积，可以增加皮张的延展性，有利于毛皮柔顺，增加毛皮的光泽度，显著提高毛皮的品质。其次，脂肪也是脂溶性维生素的良好溶剂，维生素A、维生素D、维生素E、维生素K等脂溶性维生素必须溶解在脂肪里才能被吸收、利用。

构成脂肪的脂肪酸可以分为饱和与不饱和脂肪酸。在不饱和脂肪酸中，有几种多不饱和脂肪酸在动物机体不能合成，必须由日粮供给，或能通过体内特定先体物形成，这些对机体具有重要保护作用的脂肪酸称为必需脂肪酸。目前，认为蓝狐需要的必需脂肪酸主要为亚油酸、亚麻酸和花生四烯酸，它们主要来源于植物油，因此，在蓝狐日粮中应添加植物油。如果蓝狐必需脂肪酸缺乏，会导致皮肤病变，水肿和皮下出血等症状；还会导致胆固醇在体内的正常运转受阻，从而影响蓝狐正常的机体代谢过程；如果饲料中长期缺乏，会导致蓝狐的繁殖性能低下，出现不发情或不孕，产后授乳障碍等。因此，在蓝狐生长的各个时期都需要注意必需脂肪酸的供给，可以通过在饲料中添加豆油、玉米油、菜籽油、亚麻籽油等来补充。另外，哺乳期适当增加脂肪含量，可以增加蓝狐产奶量，使仔兽增重较快。芬兰是养殖蓝狐水平最高的国家，根据芬兰多年养殖的经验，得出脂肪在蓝狐各个时期所提供能量占总能量的比例分别是：12月至产仔期为32%～42%，哺乳期至7月15日为42%～45%，7月15日至9月1日为40%～50%，9月1日至取皮为45%～55%。

脂肪作为溶剂对脂溶性营养素或脂溶性物质的消化吸收极为重要。饲料脂肪是通过脂肪酶的作用而水解的。蓝狐对于脂肪的消化情况比较好，特别是在蓝狐饲料中按照一定的比例配合添加动植物脂肪，可以使脂肪的消化率达到90%以上。因此蓝狐饲料中对于脂肪酶的添加可以不予考虑。

另外，在考虑脂肪营养需要的前提下，不能忽视脂肪的品质。脂肪在贮存过程中，可分解生成醛和酮类化合物，从而出现难闻的哈喇味，称为脂肪的酸败。酸败的脂肪不能用来饲喂蓝狐，否则会导致严重的后果，表现为严重的消化障碍，引起黄脂肪病，在妊娠期造成死胎、烂胎、产弱仔及母兽缺乳等后果。蓝狐饲料中以动物性饲料居多，所以必须考虑饲料储存时间对脂肪品质的影响。饲料中脂肪酸败的程度可以通过饲料检测手段来确定过氧化物值，依此来判断脂肪酸的氧化程度，判断是否可以作为饲料原料使用。

3. 碳水化合物

碳水化合物由碳、氢、氧3种元素组成，由于它所含有的氢氧比例为2:1，和水一样，故叫做碳水化合物。它是为动物机体提供热能的3种重要的营养素中最廉价的营养素。蓝狐饲料中的碳水化合物可分为两类：可以吸收利用的有效碳水化合物，如单糖、双糖、多糖和不能消化的无效碳水化合物，如纤维素。

糖类化合物是一切生物体维持生命活动所需能量的主要来源。它不仅是营养物质，而且有些还具有特殊的生理活性。例如：肝脏中的肝素有抗凝血作用；血液中的糖与免疫活性有关。此外，核酸的组成成分中也含有糖类化合物——核糖和脱氧核糖。因此，糖类化合物对蓝狐来说，也具有着重要的意义。

植物中碳水化合物存在的形式主要是淀粉，在人工养殖的条件下，饲料中添加了含有大量淀粉的谷物性饲料，如玉米，小麦等，但是因为经过粉碎、蒸煮或膨化等工艺的处理，使得淀粉在蓝狐消化道内可以被很好的吸收，蓝狐对于碳水化合物的消化率可以达到65%左右。碳水化合物中的纤维素在蓝狐机体中虽然不能被消化吸收，但是可以吸附大量水分，增加粪便量，促进肠蠕动，加快粪便的排泄，减少对肠道的不良刺激。

碳水化合物在体内分解后，产生热量，供给生命活动和生长繁殖需要。多余的部分在肝脏转化为糖原，贮藏在肝脏和肌肉中；如有剩余，则转变为脂肪贮存在体内，碳水化合物的利用，可减少蛋白质的分解，节约蛋白饲料的使用。碳水化合物的供给要适量，如果供应过低，不能满足蓝狐需要时，就会动用体内储备的糖原、脂肪甚至蛋白质来代替碳水化合物供能，在这种情况下，蓝狐会出现身体消瘦、体重减轻、生产力低下等现象。如果供给量过多，相应蛋白质的含量就会降低，使幼狐的生长发育受阻，妊娠母狐胚胎发育不良，毛皮成熟期延长，毛绒质量差。

碳水化合物在蓝狐饲料中的重要意义表现在生长后期可以适当多添加，以此来促进蓝狐身体长胖，获得较大尺幅的皮张；在繁育期（从取皮结束到发情期），通过添加可以减少饲料中总能，消耗脂肪层，调整体况。谷物是碳水化合物的主要来源，谷物饲料经膨化或熟制后可增加饲料的黏稠度、吸水性、适口性和消化率。在繁殖期需要控制饲料营养调整体况时，可通过增加碳水化合物的用量来降低总能，达到减肥的目的。

建议碳水化合物在蓝狐各个时期中所提供能量占总能的比例分别为：12 月至产仔期为 15%～20%，哺乳期至 7 月 15 日为15%～20%，7 月 15 日至 9 月 1 日为 18%～25%，9 月 1 日至取皮为 22%～30%。

4. 维生素

维生素是一类维持动物正常生理功能所必需的低分子有机化合物，具有高度生物活性，在体内既不能提供热量，也不是构成组织和器官的物质，在饲料中的含量比其他成分都少，仅占日粮的万分之一或更少，但它是新陈代谢必不可少的物质，不能由其他的营养物质替代。维生素在体内主要以辅酶和催化剂的形式广泛参与体内营养素的合成与降解，从而保证机体组织器官的细胞结构和功能的正常，以维持动物正常健康和各种生产活动。

现已发现的 23 种维生素中，有 13 种是蓝狐正常的生理机能和生长发育所必须，按照其溶解性分为脂溶性维生素（A、D、E、K）和水溶性维生素（B_1、B_2、烟酸、泛酸、B_6、生物素、叶酸、胆碱、维生素 C 等）。除了维生素 A、D、C、B_{12} 能在体内合成一部分外，其他维生素主要由饲料供应。蓝狐对维生素的缺乏较敏感，一旦缺乏，就会导致新陈代谢紊乱，生理功能失调，影响各种营养物质的吸收和利用，严重时，会引起维生素缺乏症，甚至死亡。但添加过量的维生素没有发现对蓝狐造成不利影响，一般按照推荐剂量添加。

蓝狐饲粮中对维生素的需要量参照帝斯曼优选维生素营养准则，见表 3 - 1。

表 3 - 1　帝斯曼狐狸维生素营养准则

种类	A（国际单位）	D_3（国际单位）	E（毫克）	K_3 甲萘醌（毫克）	B_1（毫克）	B_2（毫克）	B_6（毫克）
含量	10 000 ~ 15 000	1 500 ~ 2 000	100 ~ 200	1 ~ 2	20 ~ 50	10 ~ 20	10 ~ 20

种类	B_{12}（毫克）	烟酸（毫克）	D ~ 泛酸（毫克）	叶酸（毫克）	生物素（毫克）	C（毫克）	胆碱（毫克）
含量	0.03 ~ 0.06	20 ~ 40	8 ~ 20	0.6 ~ 1	0.3 ~ 0.6	100 ~ 200	

注：以每千克风干饲料计

（1）脂溶性维生素

脂溶性维生素可以溶于脂肪和有机溶剂，只含有碳、氢、氧 3 种元素，在消化道随脂肪一同被吸收，以扩散方式穿过肌肉细胞膜的脂相，经胆囊从粪中排出。体内脂溶性维生素过量时会贮存在脂肪组织和肝脏中，因此短期缺乏脂溶性维生素不会引起严重的缺乏症，但长期缺乏会引起机体功能失调。

① 维生素 A

又称视黄醇，可促进细胞的增殖和生长，保护各器官组织结构的完整和健康，维持正常视力，并参与性激素的形成，增强对各种疾病的抵抗力，每只每天供给量为每千克体重 250~500 国际单位。

维生素 A 主要存在于动物性饲料中，如海鱼、动物肝脏、乳类、蛋类等。胡萝卜素是机体合成维生素 A 的原料，在玉米中含量较高；蓝狐对维生素 A 的需要量在繁殖期为最高，每只蓝狐维生素 A 的需要量为 800~1 000 国际单位。在补饲维生素 A 时，适当增加脂肪和维生素 E 给量，能提高其利用率。

蓝狐日粮中由于添加了较多的动物性饲料，因此，一般不会出现维生素 A 缺乏症，但是，由于饲料的加工方法不适当，或饲料轻度腐败，降低了维生素 A 的活性，需在饲料中添加一些人工合成的维生素 A。

维生素 A 缺乏会引起上皮组织出现角质化，使黏膜受损，导致蓝狐对外来的感染和细菌等病原微生物的侵袭的抵抗力降低，从而导致动物易发生感冒、肺炎、肾炎、膀胱炎及尿道结石等；还可表现为不发情，严重缺乏时，在母兽妊娠期，可导致胎儿吸收、畸形、死胎，公兽睾丸退化；还可造成生长缓慢、衰弱、被毛凌乱，动作不协调，麻痹和痉挛等。维生素 A 过量也会引起中毒，通常超过 4~10 倍会产生中毒症状：表现为食欲丧失、体重减轻、生长缓慢、骨骼畸形、自发性骨折及内出血等。

② 维生素 D

又称骨化醇、钙化醇、抗佝偻病维生素。其功能是维持正常的钙、磷代谢，加强钙、磷的吸收利用，因而对骨骼的正常生长发育有极其重要的作用。维生素 D 主要靠鱼肝油供给，动物肝脏、乳类、蛋类中也含有一部分；同时动物皮肤和毛发在光照条件下也能合成。获得维生素 D 最经济的方法，是让蓝狐多晒太阳，蓝狐的皮肤和毛绒上含有 7-脱氢胆固醇，进给紫外线照射后，就能转化成维生素 D_3 而被吸收。

维生素 D 每只每天的供给量为每千克体重 25 ~ 30 单位。蓝狐对维生素 D 的需要量依据饲料中钙、磷的比例、饲料中霉菌毒素的含量会略微有所差距；钙、磷比例满足 1.1 ~ 1.7：1 被认为是一个比较好的范围，维生素 D 的需求量会少；当饲粮中含有霉菌毒素，维生素 D 需求量会增加。

缺乏维生素 D 会引起钙、磷吸收与代谢紊乱，与钙、磷的缺乏症相似，表现为佝偻病，在蓝狐生长的早期（2 ~ 4 月龄）多易发生。连续饲喂超过需要量 4 ~ 10 倍的维生素 D 在两个月后会出现中毒症状，特征为血钙过多，普遍性钙盐沉积、骨损伤，表现为跛行、骨硬化和软组织钙沉积引起的损害。

③维生素 E

又称生育酚、抗不育维生素，在食油、水果、蔬菜及粮食中均存在，是一种有效的抗氧化剂，对维生素 A 具有保护作用，参与脂肪的代谢，维持内分泌的正常功能，细胞的正常发育，提高繁殖性能。维生素 E 是蓝狐体内的抗氧化剂和代谢调节剂，对生殖、泌乳、防止不孕、铁质吸收都有重要的作用。

维生素 E 因为能促进性激素分泌，使雄性精子活力和数量增加；使雌性激素浓度增高，提高生育能力，预防流产等重要作用，因此，在蓝狐的繁殖季节需要适当多添加维生素 E。同时，因为蓝狐饲料中含有大量的富含脂肪的动物下脚料或毛皮动物胴体等，所以在饲料中要适当额外添加维生素 E，用以预防黄脂肪病的发生。通常建议在饲料干物质状态下，维生素 E 含量的添加应为 150 ~ 200 毫克/千克，并且脂肪含量每增加 1%，维生素 E 增加 5 毫克/千克饲料。

在新鲜脂肪、植物子实的胚芽、豆油、蛋黄、肝脏中含有丰富的维生素 E。在蓝狐饲料中更多来源于植物油,因此在饲料中适当添加植物油,例如,玉米油、豆油、花生油及棉籽油等有助于维生素 E 的补充。维生素 E 的供给量以仔狐生长发育及种用狐繁殖期最高,狐每只每天供给 35 ~ 50 毫克,其他时间可酌减。

饲料酸败对蓝狐有毒害作用,维生素 E 对防止饲料原料和动物体内脂肪酸败有很重要的作用,因此,饲料中含有多脂的鱼类或禽的下脚料时,添加维生素 E 可以防止饲料酸败,但脂肪酸败产生的不良影响并不能通过维生素 E 的添加完全避免。

如果缺乏维生素 E,公狐的精子活力减退,数量减少,精液品质降低,甚至丧失配种能力;母狐不孕或怀孕后胎儿很快死亡并被吸收。缺乏维生素 E,还会出现脂肪代谢障碍,导致黄脂肪病、尿湿症或出现肌体营养不良或白肌病。

④维生素 K

又称抗出血维生素。主要功能是参与血液的正常凝固。维生素 K 对体内凝血酶原的形成有催化作用。

维生素 K 分为维生素 K_1 和维生素 K_2,维生素 K_1 主要存在于青绿植物中,维生素 K_2 主要存在于微生物中。人工合成的维生素 K_3 及甲萘醌,须在狐干粉饲料或颗粒饲料中适量添加,饲料中若含有香豆素,可破坏维生素 K,引起狐维生素 K 缺乏症。维生素 K 在青饲料中含量丰富,在鲜饲料中补充 3% ~ 5% 的蔬菜,可有效补充维生素 K,防止维生素 K 缺乏。

因一般情况下,饲料中维生素 K 含量较多,而且肠道细菌所合成的维生素 K 能够满足动物的需要,故无需在饲料中再额外添加。蓝狐作为一种单胃动物,可以在大肠中合成维生素 K,但是其肠道较短,且下段大肠吸收几乎为零,所以,当缺乏时,可偶见蓝狐采食自己的粪便以此来获取维生素 K。目前,饲料中因长期添加大量抗生素,会抑制肠道微生物的活动,所以,往往需要额外补充一些。

如果蓝狐肠道机能紊乱，或由于长期使用抗生素，肠道中的微生物活动受到抑制，使维生素 K 的合成受到影响，就会造成维生素 K 缺乏。维生素 K 缺乏时，会引起脏器出血，或出现口腔、齿曲、鼻腔出血，粪便中有黑红色血液，而且受伤后血液不易凝固，流血不止以致死亡。

（2）水溶性维生素

水溶性维生素是指在水中能溶解的一组维生素，机体内过量的水溶性维生素不会在体内贮存，不被吸收的部分会随尿液排出体外。当机体缺乏水溶性维生素时，很快就会出现维生素缺乏症。

① 维生素 B_1

维生素 B_1 又称硫胺素或抗神经炎维生素，是一种含硫维生素，可促进畜禽生长发育，维持神经、消化、肌肉以及循环系统的正常功能。蓝狐体内不能合成维生素 B_1，完全靠日粮供给。维生素 B_1 在酵母中含量最丰富，新鲜的肝脏、瘦肉、糠麸及各种青饲料中含量也较多。每只蓝狐每日需要量 3～5 毫克。

由于蓝狐肠道中不能合成维生素 B_1，所以很容易出现缺乏症状，表现在食欲减退，四肢无力，随后表现出神经系统症状和典型的麻痹症状，最终导致死亡。谷物及其副产品中含有大量维生素 B_1，但是霉菌污染会破坏；另外，淡水鱼或者某些海鱼中含有硫胺素酶，会抑制维生素 B_1 的活性。因此，在制作蓝狐饲料时，尽可能避免使用上述鱼类，或做蒸煮处理。对发病的蓝狐肌注或口服维生素 B_1，每次 10～50 毫克，连续 3 日即可治愈。

② 维生素 B_2

又名核黄素，别名卵黄素、尿黄素，是黄素单核苷酸和黄素腺嘌呤二核苷酸两种辅酶的成分，在代谢中起着重要作用。在蓝狐体内能构成某些酶的辅基，对机体内氧化、还原、调节细胞呼吸起重要作用。维生素 B_2 是 B 族维生素中最重要，又是饲料中最容易缺乏的一种维生素，在饲料中的用量随饲料中的脂肪含量增加而增加。

维生素 B_2 不能在蓝狐体内贮存，需要在日粮中经常供给。维生素 B_2 在酵母、糠麸以及青饲料中含量丰富。每只狐每日的需要量为 2~3 毫克。

蓝狐饲养中，该维生素的缺乏会导致生长缓慢、贫血和皮张颜色暗淡、实质器官发生病理性变化。雌狐在妊娠和哺乳期需要量更大，按照饲料能量水平每 418.6 千焦需添加 2.5 毫克。如果在怀孕期间，出现维生素 B_2 缺乏，会导致蓝狐幼兽呈浅灰色或者无毛，新生仔兽发育不健全，腭裂分开。幼兽体质虚弱，腿部肌肉萎缩，运动功能衰弱，具有肥厚脂肪皮肤等特征，死亡率极高。维生素 B_2 的添加量应随着饲料中脂肪含量的增加而增加。

当发现仔狐出现维生素 B_2 缺乏症时，要增加母狐日粮中肝脏、酵母、乳、蛋的含量，并及时给仔狐注射或口服维生素 B_2，每日 2 次，每次 5 毫克。

③ 维生素 B_3

又称维生素 PP、烟酸、抗癞皮病维生素，是参与机体氧化还原酶系统的一种维生素，为动物皮肤和消化机能正常所必需。在蓝狐体内对新陈代谢起重要作用。维生素 B_3 广泛地存在于动物性饲料和植物性饲料中，一般情况下不会缺乏，不需要额外补给。缺乏时，会出现食欲减退、腹泻、贫血、神经系统紊乱、皮肤发炎、被毛粗糙等症状。

④ 维生素 B_5

又称泛酸，主要作为辅酶 A 的组成部分而存在。主要存在于肝、肾、肌肉、脑和蛋黄中，也存在于酵母、谷物的一些绿色植物中。泛酸不足或缺乏时，易出现神经系统功能紊乱、被毛粗糙、皮炎等症状。

⑤维生素 B_6

又名吡哆醇或抗皮炎维生素，是动物体内新陈代谢的主要辅酶，主要作用是在蓝狐体内帮助合成蛋白酶，参与蛋白质的代谢，促进抗体的形成，增强机体的抗病能力，并供给神经系统所需要的营养。当饲料中蛋白质比例增加时，维生素 B_6 的需要量也随之增加。

维生素 B_6 在谷实、豆类籽实及一般饲料中含量都比较多，在体内也可以合成，很少有缺乏现象，一般不需要另外补充。

维生素 B_6 一旦缺乏会引起繁殖功能障碍、贫血、生长发育迟缓、肾脏受损等。在繁殖期出现会引起公兽无精子，母兽空怀，胎儿死亡率增加，妊娠延长等。蓝狐表现在四肢麻痹，鼻、尾出现红斑，尾尖坏死，有抽搐现象。出现这种缺乏的主要原因是饲料单一；动物体患有胃肠炎，饲料中的有效成分不能很好的吸收；或者存在寄生虫等引起。另外，随着蛋白质比例的增加，维生素 B_6 的需求也随之增加。特别是在配种妊娠期，要注意维生素 B_6 的补充。

⑥维生素 B_7

又称维生素 H，通常称作生物素，又名辅酶 R。生物素的营养作用主要是广泛参与碳水化合物、脂肪和蛋白质的代谢。生物素广泛分布于各种饲料中，动物的肠道细菌也可以合成相当数量的生物素。已有报道证明：生物素在蓝狐毛发生长、颜色形成以及防止食毛等方面起重要作用。

在绿色饲料、米糠、花生糠、豆饼、鱼粉、酒糟、酵母、蛋黄中含量丰富，一般情况下不需要额外补充。

引起生物素缺乏的主要原因是大量食入与生物素结合的蛋白质或使肠道维生素合成受阻。如生鸡蛋中的抗生物素蛋白、链霉菌中的抗生蛋白菌素等，此外，高温、服用磺胺类抗菌药物、食入过多碳水化合物也会造成生物素的缺乏。缺乏时，发生皮肤病，皮肤出现丘疹，甚至溃烂，骨路变形。

⑦维生素 B_{11}

又称叶酸，近年来，关于叶酸对动物繁殖力的研究表明，充足的叶酸可以提高畜禽繁殖率，有效降低胚胎死亡率。维生素 B_{11} 在蓝狐肠道内可由菌落合成，因而一般不易缺乏，但是添加磺胺药、抗生素后，肠道菌落受干扰时、吸收紊乱时应该添加。缺乏时动物生长受阻，出现巨红细胞性贫血，同时血小板和白细胞减少。

⑧维生素 B_{12}

又叫抗贫血维生素，也称作钴胺素，是唯一含钴的维生素。维生素 B_{12} 在蓝狐体内主要作用是调解骨髓的造血过程，红血球的成熟与其有密切关系。维生素 B_{12} 还参与核酸合成以及碳水化合物、脂肪的代谢，有促进生长、防止贫血的作用。

维生素 B_{12} 在动物性饲料中含量丰富，动物性饲料在日粮中充足或经常供给多种维生素制剂，就可以满足狐狸对维生素 B_{12} 的需要，在蓝狐中很少出现维生素 B_{12} 缺乏症。缺乏时，红血球浓度降低，发生贫血或脂肪肝，饲料利用率低，食欲不振，仔狐、幼狐生长缓慢，种狐繁殖能力降低。

⑨维生素 C

又名抗坏血酸。参与细胞间质的生成以及体内氧化还原反应，能维持牙齿、骨骼的正常功能，增强机体对疾病的抵抗力，促进外伤愈合，同时具有解毒作用和抗坏血病的功能。

维生素 C 广泛存在于青绿多汁饲料和各类水果之中，每只蓝狐每日的需要量 30~50 毫克。如果经常饲喂蔬菜，一般不会缺乏，不需要另外补充。

在营养不足或不完全、患传染病或寄生虫病、气温过高或过低、应激等条件下，均会造成动物对维生素 C 的合成能力降低或者需求增高。维生素 C 缺乏时，易导致口腔、齿龈出血，母狐妊娠期缺乏，导致初生仔狐易得红爪病，大批死亡，仔狐食欲不振，吸乳能力不强。

⑩胆碱

是动物体内维持生理机能所必需的低分子有机化合物，它并不在动物体内代谢过程中起催化剂作用，而是充当体组织结构的构件，主要参与脂肪代谢、并作为甲基供体。

蓝狐对于胆碱的需要量很高，每千克饲料干物质状态下总含量为 1 500~2 500毫克。胆碱不足或缺乏易导致脂肪肝的发生。

5. 矿物质

矿物质是机体细胞的组成成分，参与细胞的氧化、发育、分泌、增殖等重要活动，特别对于神经和肌肉组织的正常兴奋有重要作用。如钠、钾的离子浓度增高，可提高神经系统的兴奋性；而钙、镁的离子浓度增高，则可降低神经系统助兴奋。在食物的消化和吸收过程中，也有矿物质参与。如对各种营养物质的消化吸收，需要胃液中的盐酸及胆汁中的碱性钠盐。同时，对维持水的代谢平衡、酸碱平衡、调节血液正常渗透压等方面都有重要的生理作用。蓝狐机体中矿物质虽然含量低，但在营养和生理上却起着重要作用。适量的矿物质元素供给是维持毛皮动物正常健康、生长及生产的必要条件。

把饲料中的有机物质烧掉，剩下的无机物质就是矿物质，也叫灰分。饲料中灰分的百分比表明矿物质的百分含量，但是这并不能完全说明矿物质的比率及灰分与矿物质之间相互影响的关系。在蓝狐的饲料中，要求灰分含量不能超过干物质含量的12%，特别是在哺乳期和生长发育的早期，饲料中矿物质含量的过高会引起脂肪和蛋白质的吸收减少。通常建议饲料中灰分含量占干物质的 6%~10%。

矿物质中的无机元素可分为两大类，即常量元素和微量元素。常量元素是指占体重 0.01% 以上的元素，主要包括钙、磷、钠、钾、氯、镁、硫等矿物元素。骨粉是最好的钙磷补充饲料，含钙约在 40%，含磷约在 20%。碳酸钙如果作为钙源，会增加育成期狐尿结石的发生率。鱼、肉饲料中含钾丰富，一般不至于造成毛皮动物缺钾。在饲料中添加少量食盐，每只蓝狐每天 2 ~ 3 克，即可满足钠、氯的营养需要。缺镁可引起骨骼钙化不良，引发神经性震颤，补充富含镁元素的骨粉，可满足镁的需要。缺硫会影响胰岛素的正常功能，导致血糖增高，有时会引起食毛症，严重影响毛皮品质。微量元素是指占体重 0.01% 以下的元素，如铁、铜、锰、钴、锌、碘、硒、氟等。铁、铜、钴都是造血所不可缺少的元素，它们相互起协同作用，缺一不可，缺乏时可引起毛皮动物贫血。铜、锌与毛皮动物皮张发育有关，缺乏时可引起毛皮动物毛皮发育不良，严重影响毛皮质量。

蓝狐饲料中矿物质的来源相当丰富，既有新鲜的鱼、鱼副产品、畜禽屠宰下脚料，也有谷物性饲料原料，还来自一些干动物性饲料原料，像鱼粉、血粉、羽毛粉等，以及人为添加的一些矿物质元素。

因为矿物质元素对生产性能的重要作用，简单介绍几种影响较大且容易缺乏的常量矿物质元素。

(1) 钙和磷

钙和磷的主要功能是构成蓝狐的骨骼和牙齿，它们占整个身体矿物质含量的 80%，大约有 99% 的钙和 80% 的磷在骨骼里，所以在仔兽、母兽妊娠及哺乳的阶段里需要量会较大。在蓝狐的生长期，饲料中钙的含量应不低于饲料干物质的 0.8%。钙磷比例对于蓝狐的生长发育也至关重要，如果搭配不当，会引发饲料中钙和磷的不平衡，不利于骨骼的生长发育，在饲料中合理的钙磷比为 1.1 ~ 1.7：1，超过此范围，即使添加丰富的维生素 D，往往效果也不是很理想。

（2）钠、钾和氯

动物体内钠、钾和氯的含量占无脂干物质基础的比例分别为 0.2%、0.3% 和 0.15%。这 3 种元素在体内主要作为电解质，维持渗透压，调节酸碱平衡，控制水的代谢。此外，钠、钾在神经冲动的传导和营养物质的吸收中也发挥重要作用；氯还参与胃液中胃酸形成，胃酸促进维生素 B_{12} 和铁的吸收；激活唾液淀粉酶分解淀粉，促进食物消化；刺激肝脏功能，促使肝中代谢废物排出；稳定神经细胞膜电位的作用等。钠、钾和氯缺乏时，会导致动物缺乏食欲、生产性能下降，被毛粗乱，也会表现出异食癖。饲料中氯化钠的添加量通常建议为鲜配合饲料 0.1% ~ 0.2%，干粉配合饲料为 0.2% ~ 0.5%，根据饲料原料种类的选择而有所波动。蓝狐哺乳期饲料中额外添加精制盐 0.1% ~ 0.15%，可以使雌狐多喝水，同时也可以弥补由乳汁排出的钠和氯。

6. 水

水是动物体不可缺少的营养物质。动物体内超过 70% 的成分是水。饲料中水的比例也应该与此大致相同。人工饲养条件下的蓝狐必须充分保证供给充足饮水。尤其是炎热的夏季，如果缺水会加速中暑概率的发生。同时，也不主张在饲料中添加过多的水，因为如果添加水量过多，会导致蓝狐在采食的时候被动饮水，造成采食干物质量下降，降低生产性能。国外蓝狐笼舍均配备自动饮水设备，并且具有电加热、温度显示功能，通常一年四季提供饮水，但是，在冬季饮水量相对会减少很多。国内在北方地区，像黑龙江、吉林通常在冬季通过在笼顶添加雪团来提供部分饮水。

二、蓝狐常用饲料及饲喂方法

蓝狐在毛皮动物饲养中，其饲养的困难程度仅低于水貂，这主要是针对饲料搭配而言的。用于饲养蓝狐的饲料种类很多，可分为动物性饲料、植物性饲料和添加饲料三大类。需要注意的是，种公母狐配种前饲料一定要优质。首先检查饲料质量是否新鲜，适口性好，狐喜食，食后消化良好，排出粪便干湿适宜，不腹泻，能保证动物具有良好的吸收率。好饲料饲喂狐一段时间后，狐生长旺盛，毛色光洁柔顺，很少有发病的。种狐配种前不要喂动物性含激素的饲料，特别是动物的下杂，如头颈、内脏，直接饲喂或经加工成干粉饲料后饲喂狐，都可造成激素中毒。孕狐对毒物、激素等的反应非常敏感，孕狐采食低浓度的激素或毒物均会引起早产、死胎。动物下杂中如有甲状腺、肾上腺、垂体等腺体，激素含量较高（如雌激素等），采食后极低的浓度也会造成胎儿流产、死胎。不喂冷库存放过久的冻鱼、冻肉。存放过久的鱼、肉会引起脂肪氧化、黄脂肪病，其主要原因是因为不饱和脂肪酸易被氧化而形成过氧化物，把饲料中的抗氧化物质维生素 E 消耗殆尽，从而使得细胞膜破坏，形成"黄脂肪"样病变，出现维生素 E 严重缺乏症状，贫血、肌肉坏死等。不喂存放过久的谷物饲料，笔者到过一些养狐场户，看到蒸煮饲料的房间存放越冬玉米面饲料，屋内蒸煮饲料时潮湿、高温、热气满屋，饲料在这种条件环境下存放过长，可造成霉变，特别是含豆类较多的饲料。在这样潮湿环境下玉米易生黄曲霉。黄曲霉产生的毒素对狐具有直接毒害作用，轻则引起腹泻、便血，重则引起死亡。要使用新鲜、质量好、没污染的饲料喂种狐。还需要注意新鲜动物性饲料经细菌或真菌分解而产生的毒素，如组织腐败物（组织胺、硝酸盐，有毒的醛、酮、过氧化物等），狐狸食后会出现采食量减少、腹泻、发病、生长迟缓,最后死亡。

芬兰作为养殖蓝狐的强国,其一年中各种饲料原料的消耗百分比见表3-2。

表3-2 芬兰蓝狐养殖全年使用饲料原料分布比例

原料名称	%
鱼副产品	29.4
波罗的海鲱鱼	8.1
毛鳞鱼,蓝鳕鱼	6.0
其他鱼类	3.5
酸贮鱼	0.6
动物内脏及下脚料	13.6
毛皮动物胴体	2.5
鱼粉	1.8
肉粉及肉骨粉	0.3
植物蛋白	0.8
谷物	14.5
脂肪	0.4
维生素饲料+纤维	2.0
水	16.5
合计	100

1. 动物性饲料

包括鱼类、肉类及鱼、肉副产品和干动物性料及乳、蛋类、饲料酵母等,这类饲料蛋白质含量富,氨基酸组成比植物性饲料更接近于蓝狐的需求,是狐生长发育过程中所需蛋白的主要来源。

（1）鱼类饲料

鱼类饲料是蓝狐动物性蛋白质的主要来源之一，其消化率高、适口性好。我国水域辽阔，可作饲料的鱼的种类繁多，除河豚、马面豚等有毒鱼类外，大部分淡水鱼和海鱼均可作为狐、貉、貂的饲料。鱼类饲料生喂比熟喂营养价值高，因为过度加热处理会破坏赖氨酸，同时使精氨酸转化为难消化形式，色氨酸、胱氨酸和蛋氨酸对蛋白质饲料脱水破坏性很敏感，但部分海鱼和淡水鱼中因含有硫胺素酶，其可破坏维生素 B_1，所以，饲喂时最好能熟制，以破坏硫胺素酶，减少生喂造成的维生素 B_1 缺乏，同时，对有些来源不明的鱼类产品，加热可以起到消毒杀菌的作用。由于不同种类鱼体组成中氨基酸比例的不同，饲喂单一种类的鱼不如饲喂杂鱼好，混合饲喂有利于氨基酸的互补，杂鱼类饲料，体表带有较多蛋白质黏液的鱼，应先用温水浸泡除去黏液，同时，鱼类饲料应尽量与肉类饲料（畜禽下脚料等）混合喂给为宜。干鱼应浸泡 1 小时脱盐，煮熟粉碎后拌入饲料喂。使用鱼类饲料时，一定要求不变质，因为脂肪酸败的鱼类，喂后易引起食物中毒。喂脂肪酸败的鱼类还会引起脂肪组织炎、出血性肠炎、脓肿病和维生素缺乏症等。随着水产资源的不断减少，加上休渔和地理条件的限制，许多蓝狐养殖场不能把鱼类作为常年性饲料，养殖户应该结合当地特点，尽量开发利用品质好而且价格适中的其他动物性饲料（图 3 - 2）。

（2）肉类饲料

肉类饲料蛋白质含量丰富，是蓝狐养殖重要的动物性饲料。蓝狐几乎对所有动物的肉类均可采食。瘦肉中各种营养物质含量丰富，适口性好，消化率也高，是理想的饲料原料。新鲜的肉类适宜生喂，消化率及适口性都很好，对来源不清或不太新鲜的肉类应该进行熟化处理后饲喂，以消除微生物污染及其他有害物质，减少不必要的损失。在实践中，可以充分利用人们不食或少

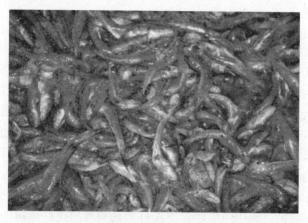

图3-2　海杂鱼

食的牲畜肉，特别是牧区的废牛、废马、老羊、羔羊、犊牛及老年骆驼和患非传染性疾病经无害化处理的病肉，最大程度地利用价格低廉的肉类饲料资源。狗肉喂狐一般应高温熟喂，以免发生疾病（尤其是犬瘟热病和旋毛虫病）传染，死因不明或死亡时间过长、未经冷冻处理的动物尸体禁止饲喂，否则容易使动物感染疾病或发生中毒。

公鸡雏：营养价值全面，是很好的狐饲料，可占日粮的25%～30%，配合鱼类饲喂效果更佳，用时要蒸煮熟制。

羊羔胴体：冬季内蒙古大草原冻死的羊羔可买回喂狐狸，营养价值高。羊羔胴体一定高温煮熟饲喂，以预防布鲁氏杆菌在羊和狐狸之间的传播，造成生产不必要的损失。

毛皮动物胴体：毛皮动物胴体作为狐狸饲料中使用已经成为普遍现象。能量物质丰富且价格低廉，是普通饲料下脚料的2倍，通常在秋季使用，用以补充饲料中能量，用量可以达到10%，但是最好不要同种动物间饲喂，另外，种兽饲料中不提倡添加。毛皮动物胴体在收集时要求迅速，同时在使用时要进行高温处理。

（3）鱼、肉副产品

动物的头部、骨架、四肢的下端和内脏称为副产品，也叫下杂。这类饲料除了肝脏、肾脏、心脏外，大部分蛋白质消化率较低，生物学价值不高，但作为狐的饲料，可以很好地提供部分能量及蛋白质，比谷物性饲料在部分蛋白质、维生素等方面优越，而且价格便宜，来源广泛，适量地利用好鱼、肉副产品可有效地促进狐的养殖，是很好的饲料来源。畜禽类副产品虽然可以应用于狐的养殖中，但限于其营养价值，所以在生产实践中应注意在日粮中的用量，合理搭配其他优质的动物性饲料，而且在使用禽类副产品的过程中还应注意巴氏杆菌病和沙门氏杆菌病的传播，不新鲜的禽类副产品应熟制后饲喂。在饲喂肉下杂时，要特别注意在母狐孕期避免使用含雄激素的畜、禽内脏，如子宫、胎盘、胎儿及使用貂激素处理过的畜禽肉，尤其是流产的胎盘或胎儿，都不能喂孕狐，可喂商品狐。

鱼副产品：沿海地区的水产制品厂，有大量的鱼头、鱼骨架、鱼内脏及其他下脚料，这些废弃品都可以用来饲养蓝狐。新鲜的鱼头、鱼骨架可以生喂，繁殖期不超过日粮中动物饲料的20%，幼兽生长期和冬毛生长期可增加到40%。动物性饲料的其余部分应采用优质的杂鱼或肉类，否则容易造成狐的营养不良。新鲜程度较差的鱼副产品应熟喂，特别是鱼内脏保鲜困难，熟喂比较安全。

肝脏：是狐理想的全价肉类饲料，含19.4%的蛋白质、5%的脂肪，还含有多种维生素和微量元素（铁、铜等），特别是维生素A和维生素B含量丰富，是动物繁殖期及幼兽育成期较好的添加饲料。可以生喂，每只每次30～50克，由于肝脏无机盐含量较高，具有倾泻作用，饲喂量要适量，喂量可占动物性饲料的15%～20%，应由少到多逐渐增加，以免引起腹泻。鸡肝和鸭肝中粗蛋白含量（17.84%和16.54%）低于猪肝和牛肝（20%），必需氨基酸含量丰富，尤其含硫氨基酸（蛋氨酸＋胱氨酸，超过0.5%）。鸡肝与鸭肝相比，氨基酸组成相近，但鸡肝中的脂肪含量高。在准备配种期内，为了控制体况，可以用鸭肝替代鸡肝保证在蛋白水平不变的情况下降低脂肪的量，从而使日粮的总能下降；相反如为了增加种兽体肥度可以用鸡肝（图3-3）。

图3-3 鸭肝

　　肾脏和心脏：也是狐全价蛋白质饲料，同时还含有多种维生素，但较肝脏差些。健康的肾脏和心脏，生喂营养价值和消化率均较高，病畜的肾脏和心脏必须熟喂。肾上腺不宜在繁殖期使用，因为其中激素含量较多，可能造成生殖机能紊乱。

　　肺脏：是营养价值不大的饲料，蛋白质不全价，矿物质少，结缔组织多，消化率较低，对胃肠还有刺激作用，易发生咽吐现象，但是往往价格相对比较低廉，性价比很高。同时因为常常带有大量病原菌，所以，必须熟喂，喂量可占动物性饲料的5%～10%。

　　胃、肠：均可用来饲喂狐，但营养价值不高，不能单独作为动物性饲料饲喂。新鲜的胃、肠虽适口性强，但常有病原性细菌，所以应熟喂。胃、肠可代替部分肉类饲料，但其喂量不能超过动物性饲料的 20% ~ 30%。一定要高温熟透喂狐或者采取其他加工工艺处理。肠的营养不全价，利用时可占日粮中动物性饲料的 20% ~ 25%。肠中脂肪含量较高，在种兽繁殖期使用，容易造成体况过胖。育成期利用时最大用量为 30% ~ 40%，可以提高日粮的能量水平，满足幼兽生长发育的需要。狐养殖生产中被广泛应用的为鸡肠，因其价格低廉，但分析结果表明，鸡肠营养价值很低，粗蛋白仅为 12.62%，氨基酸总量不足 10%，而且某些必需氨基酸如蛋氨酸、赖氨酸、精氨酸和胱氨酸含量均偏低。鸡肠中灰分含量高而且钙、磷比例失调（3：4）。长期大量饲喂鸡肠容易出现钙、磷比例失调引起的钙缺乏症，还会出现因含硫氨基酸缺乏引起的食毛症和自咬症，影响毛皮质量，所以在冬毛生长期应注意与其他的优质动物性饲料搭配，同时注意含硫氨基酸的补充（图 3 - 4）。

图 3 - 4　鸡肠

脑：猪脑、牛羊脑含有大量的卵磷脂和各种必需氨基酸，一般在准备配种期和配种期适当喂给，对蓝狐生殖器官的发育有促进作用。鸡头的粗蛋白仅次于鸡肝和鸭肝，而且氨基酸的组成相对比较平衡，赖氨酸、精氨酸含量比较丰富，精氨酸是乳汁中的主要成分，因此可以提高母兽的泌乳力。鸡头中还含有丰富的脑磷脂，在准备配种期内添加5%的鸡头可以改善精液品质。在狐妊娠期，最好不饲喂鸡头可能含有激素的副产品；在生长期貂也要限量使用，以免影响健康。有试验表明，水貂生长期使用含雌激素过高的动物副产品，会引起生长期发情及尿湿症，甚至死亡，所以饲喂前必须进行高温处理，同时要进行限量使用。

子宫、胎盘和胎儿：猪、牛、羊等动物的子宫、胎盘和胎儿也可以作为狐的饲料，但主要应该在幼兽生长期使用。在母兽配种期和妊娠期不能使用，以防外源激素造成生殖机能紊乱。

食道：猪、牛、羊等动物食道是全价的蛋白质饲料，其营养价值与肌肉无明显区别。

喉头和气管：猪、牛、羊等动物的喉头和气管也可以作为狐的蛋白质饲料，在幼兽生长期与鱼类和肉类配合使用能保证幼兽正常的生长发育。

血：营养价值较高，含17%～20%蛋白质和大量易于吸收的无机盐，还有少量的维生素等，能够增加饲料的适口性，并且能有效防止贫血。血最好是鲜喂，陈血要熟喂。健康动物的血粉和血豆腐可直接混于饲料内投给，日粮中动物血可占动物性饲料的10%～15%。固血中含有无机盐，有轻泻作用，所以不宜超量饲喂。熟制血比鲜血消化率低，繁殖期要少喂。血液中氨基酸含量非常有限，并且易污染，所以妊娠期及哺乳期不建议饲喂。

鸡架和鸭架：鸡架和鸭架中的灰分含量比较高，随着骨架中肉剔得越净灰分含量越高。鸡架和鸭架饲喂量过高，导致饲料灰分含量过高，会引起毛皮动物蛋白质、脂肪消化率降低。生产实践表明，在繁殖期和换毛长绒期会造成日粮中蛋白质不足，导致精液品质下降，胚胎发育不良，泌乳不足及毛绒品质低劣，动物体性情暴躁，易发生自咬症和食毛症。鸡架和鸭架中钙、磷含量丰富而且比例合适（2：1），使用海杂鱼和鸡架或鸭架搭配，能调节钙、磷的比例，使其达到平衡，以满足水貂、狐对钙、磷的需要。在粗蛋白水平上鸭架高于鸡架，但氨基酸的总量即有效蛋白质的量，则鸭架低于鸡架，而且鸭架中蛋氨酸的含量低于鸡架，仅为鸡架的65%，脂肪的含量鸭架比鸡架高35%，由此可见，鸡架的品质要优于鸭架。

兔的边角肉副产品：可绞碎按动物性饲料的30%投给，但在孕期用量不宜过多。

（4）乳、蛋类饲料

乳品和蛋类是狐的全价蛋白质饲料，含有全部的必需氨基酸，而且各种氨基酸的比例与狐的需要相似，同时非常容易消化和吸收，有条件的地方应多加利用。

乳品类饲料包括牛、羊鲜乳和酸凝乳、脱脂乳、乳粉等乳制品，能提高其他饲料的消化率和适口性，促进母兽的泌乳和仔兽的生长发育。日粮中乳品类饲料不应超过总量的30%，过量易引起下痢。在夏季，乳品类易酸败，要注意保存，禁用酸败变质的乳品喂兽。鲜乳要加热（70～100℃，10～16分钟）灭菌，待冷却后搅拌加入混合饲料中。

蛋类是指鸡、鸭、鹅蛋以及孵化过程中的无精卵等，也是营养极为丰富的全价饲料，容易消化和吸收，可以提高含氮物质的消化率，全年都可喂狐，可促进泌乳和育成狐的生长，在日粮中不应超过饲料总量的20%，过多易出现下痢，禁止喂酸变质的蛋喂狐。短期喂给蛋类可以生喂，但因蛋清里面含有卵白素，有破坏维生素的作用，故不宜长期生喂。一般鸡蛋进行热处理后再饲喂狐非常必要，因为鸡蛋中含有抗生物素蛋白，把鸡蛋91℃处理至少5分钟可以使抗生物素蛋白变性。蛋类饲料应在繁殖期作为精补饲料有效地利用，饲喂量每只每天10～20克。孵化过的石蛋和毛蛋也可以喂狐，但必须保证新鲜，并经煮沸消毒。饲喂量与鲜蛋大致一样。

（5）干动物性饲料

鱼粉：是鲜鱼经过干燥粉碎加工而成的，是狐饲养场常用的干动物性饲料。其蛋白质含量一般在 60% 左右，钙、磷的含量高，钙达 5.44%、磷为 3.44%，且钙、磷比例好；B 族维生素含量高，特别是核黄素、维生素 B_{12} 等含量高。其适口性好，营养丰富、全价，是狐很好的干粉饲料原料。鱼粉通常含有食盐，一般鱼粉含盐量为 2.5% ~ 4.0%；若食盐含量过高，则会引起食盐中毒，所以含盐量过高的鱼粉不宜用来饲喂蓝狐，或在饲料中的比例要适当减少。鱼粉的脂肪含量较高，贮藏时间过长容易发生脂肪氧化变质、霉变，严重影响适口性，降低鱼粉的品质。鱼粉的质量受骨质含量比例、干燥温度和蛋白质含量的影响。鱼粉在饲料中可以起到增加适口性的作用，同时，鱼粉合理的氨基酸组成，可以适用于蓝狐养殖的所有时期。因为市场鱼粉价格较高，掺假现象比较多，用户在购买时要进行品质鉴定，以减少生产损失。干鱼体积小，发热量较高，容易保存，但消化率低，因此不宜多喂。干鱼的质量非常重要，腐败变质的鱼晒制的干鱼不能作为狐的饲料，以免产生毒素中毒。

肉粉、肉骨粉：用不适宜食用的家畜躯体、骨、内脏等作原料，经熬油后的干燥产品。一般不得混有毛、角、蹄、皮及粪便等物。烘干的动物下脚料作为饲料原料，其吸收率取决于骨灰分的百分含量和干燥工艺。在鲜鱼、肉类产品缺乏时，是很好的饲料原料。肉骨粉蛋白质含量为 50% ~ 60%，赖氨酸高，蛋氨酸和色氨酸含量低，氨基酸利用率变化大，易因加热过度而不易被动物吸收，同时 B 族维生素较多，维生素 A、维生素 D 较少，脂肪含量高，易变质，贮藏时间不宜过长。建议饲喂量控制在日粮干物质含量的 20% 以下。

血粉：以动物血液为原料，经脱水干燥而成。一般蛋白质含量为80%～85%、赖氨酸7%～9%，适口性差，消化率低，异亮氨酸缺乏，氨基酸组成不合理。大型肉联厂每年加工大量的血粉，如果质量没问题，可以作为狐的蛋白质饲料，建议添加量在5%以下。目前，市场上有血粉的深加工产品，如血球蛋白粉、血浆蛋白粉等，均可以在狐饲料中部分添加，对平衡氨基酸有很好的作用。

肝渣粉：生物制药厂利用牛、羊、猪的肝脏提取维生素B和肝浸膏的副产品，经过干燥粉碎后就是肝渣粉。这样的肝渣粉经过浸泡后，与其他动物性饲料搭配，可以饲喂狐。但肝渣粉不易消化，喂量过大容易引起腹泻。

蚕蛹或蚕蛹粉：是鱼、肉饲料的良好代用品，蚕蛹可分为去脂蚕蛹和全脂蚕蛹两种，蚕蛹营养价值很高，狐对其消化和吸收也很好，但蚕蛹含有狐不能消化的甲壳质，故用量不宜过多，一般可占日粮的20%。

羽毛粉：禽类的羽毛经过高温、高压和焦化处理后粉碎即成羽毛粉。其蛋白质含量可达80%～85%，氨基酸组成不平衡，胱氨酸、丝氨酸、甘氨酸含量高，而蛋氨酸和赖氨酸含量低。羽毛粉蛋白质中含有丰富的胱氨酸、谷氨酸和丝氨酸，这些氨基酸是毛皮兽毛绒生长的必需物质，在每年的春、秋换毛季节饲喂，有利于狐、貉、貂的毛绒生长，并可以预防狐、貉的自咬症和食毛症。羽毛粉中含有大量的角质蛋白，狐、貉、貂对其消化吸收比较困难，但熟制、膨化、水解或酸化处理后，可提高其消化率。不经加热、加压处理的生羽毛粉，毛皮动物食用后营养价值很低。羽毛粉适口性较差，营养价值也不平衡，一般需与其它动物性饲料搭配使用，建议在狐、貉、貂冬毛生长期添加量在5%以下。

2. 植物性饲料

植物性饲料包括植物性能量饲料、蛋白质饲料及果蔬类饲料。狐能利用植物性饲料作为其热能的重要来源，但其适口性及利用率有一定的局限性，经过适宜加工的植物性饲料可以有效提高其适口性及消化吸收率，从而增加其在饲料中的添加比例。

（1）能量饲料

能量饲料一般是指干物质中粗纤维含量低于18%，蛋白质含量低于20%，并且每千克干物质含消化能在10.5兆焦以上的饲料。它们的碳水化合物（主要是淀粉）含量为70%～80%，是热能的主要来源，如玉米、麦麸等。单独饲喂能量饲料，不能满足狐的生长及生产需要，因此，该类饲料应与优质蛋白质补充饲料一同使用。钙在谷物中含量不高，一般低于0.1%，而磷的含量却为0.31%～0.45%，这种钙、磷比明显不适于狐的生长、发育，由于磷含量偏高影响钙的吸收，将导致狐发生钙代谢病，所以在大量饲喂熟化玉米而高蛋白质饲料缺乏时，狐难以健康生长繁殖。谷物籽实类饲料一般也缺乏维生素A、维生素D，但B族维生素含量却十分丰富。特别是加工谷物后的米糠、麦麸及谷皮中含B族维生素最高。狐饲料中谷物性能量饲料一般需要熟化或膨化。目前，规模较大的饲养场多采用膨化方法加工谷物，操作简便，吸收利用效果较好。

玉米：玉米是狐最主要的植物性能量饲料，其能量一般高于16.3兆焦/千克，位于各种谷物籽实的首位。玉米的粗蛋白含量偏低，为7%～9%，而且蛋白质品质较低，赖氨酸、蛋氨酸、色氨酸缺乏。但玉米的适口性好，且种植面积广，产量高，所以，是应用比较普遍的狐饲料之一。玉米作为狐饲料一般要经过蒸煮或膨化加工，蓝狐采食未经熟化的玉米后会导致拉稀，吸收利用率低下，熟化后的玉米淀粉消化率增加，但高于100℃处理不再增加淀粉的消化率。玉米在蓝狐饲料日粮中可占25%～35%。

麦麸：小麦在蓝狐饲料中，一般添加的是小麦的加工副产品次粉或麦麸。麦麸是小麦子实的外皮，加工成面粉的副产品。麦麸含有丰富的膳食纤维，是动物体必须的营养元素，可提高食物中的纤维成分，刺激肠道蠕动并具有缓泻的作用，同时可促进粪便中胆固醇的排出。麦麸含有丰富的 B 族维生素，核黄素与硫胺素含量较高，在动物体内发挥许多功能，而且还是食物正常代谢中不可缺少的营养成分。麦麸中干物质含量为 87%，消化能为 9.33 兆焦/千克，粗蛋白质含量为 14.3%，粗脂肪为 4%，粗纤维 6.8%，粗灰分 4.8%，无氮浸出物 57.1%，钙含量为 0.1%，磷含量 0.93%，非植酸磷 0.24%，锌含量高达 104.7 毫克/千克，铁含量为 157 毫克/千克，赖氨酸含量为 0.53%，蛋氨酸含量为 0.12%。麦麸中钙、磷的含量极不平衡是其最大的缺点，钙、磷的吸收受到影响，所以，麦麸在用作狐饲料时应特别注意补充钙，调整钙、磷平衡。小麦在蓝狐饲料日粮中可占 10%~15%。

米糠粉：是稻谷加工过程中的副产物，是糙米碾白过程中被碾下的皮层及米胚和碎米的混合物，新鲜米糠呈黄色，有米香味，营养价值丰富。我国米糠资源丰富，米糠营养价值较高，可以应用于饲料生产，缓和饲料资源紧缺的局面，降低饲料成本。米糠根据它的加工方式可分为普通米糠、脱脂米糠和细米糠。普通米糠含 88.4% 的干物质、14.5% 的初蛋白、10.05% 的粗纤维和 10.2% 的灰分；脱脂米糠含 15.1% 粗蛋白、1.75% 乙醚抽取物、13.1% 粗纤维和 13.0% 灰分；细米糠的营养成分比较高，含有 14.93% 的粗蛋白，远远高于玉米（一级玉米 8.7%），且价格低于玉米和小麦麸，还含有 16.4% 的粗脂肪、7.27% 的灰分和 0.208% 的粗纤维，是一种很好的能量饲料。新鲜米糠中脂肪主要以不饱和脂肪酸形式存在，导致米糠易氧化酸败，同时米糠含有胰蛋白酶抑制因子，大量饲喂仔狐，会引起蛋白质消化障碍和胰腺肥大等症状，此外，米糠中脂肪酶活性较高，长期贮存易引起脂肪变质，且保存不当易于污染黄曲霉菌，影响饲料质量，会对动物造成一定的危害。通过加热膨化、浸取油脂处理可以在保留米糠营养特性、灭活抗营养因子的同时，延长保质期，增加消化吸收率。目前，我国饲料原料市场上米糠在饲料中以脱脂米糠粕为主要形式。

（2）蛋白质饲料

植物性蛋白质饲料包括各种粮油作物和副产品，如大豆粉、大豆豆饼、葵花饼、花生饼、棉籽饼、玉米 DDGS 等。

豆粕和大豆饼：大豆饼和豆粕是我国常用的一种主要植物性蛋白质饲料。大豆饼粕中含赖氨酸 2.5% ~ 3.0%、色氨酸 0.6% ~ 0.7%、蛋氨酸 0.5% ~ 0.7%、胱氨酸 0.5% ~ 0.8%；含胡萝卜素较少，仅 0.2 ~ 0.4 毫克/千克；维生素 B_1 和 B_2 也很少，仅 3 ~ 6 毫克/千克；烟酸和泛酸稍多，约在 15 ~ 30 毫克/千克；胆碱含量最为丰富，达 2 200 ~ 2 800 毫克/千克。因为受赖氨酸和蛋氨酸含量限制，其生物学效价受到一定影响，添加蛋氨酸与赖氨酸可提高其利用率。豆饼和豆粕作为狐饲料要看加热处理是否有效降低了有害物质的含量，不然会引起蓝狐的消化不良。正常加热的饼、粕颜色较浅或者呈灰白色，有豆腥味；加热过度为暗褐色。加热适宜温度应控制在 110℃左右。豆粕微粉之后作为植物性蛋白原料在蓝狐饲料中应用的比例很大，特别是在干粉配合饲料中。豆粕含蛋白质在 43%，其氨基酸构成有助于狐对蛋白质的吸收，可以用到蓝狐生长的各个时期，但是在作为饲料原料之前，需要进行处理（膨化或蒸煮），用以破坏掉抗胰蛋白酶，预防消化不良。用量可达到饲料的 20%。

全脂大豆：大豆是狐较好的蛋白质饲料原料，富含蛋白质和脂肪，干物质中粗蛋白质为 40.6% ~ 46%，脂肪为 11.9% ~ 19.7%，营养物质易消化，蛋白质的生物学价值优于其他植物蛋白质饲料，赖氨酸含量高达 2.09% ~ 2.56%，蛋氨酸含量少，为 0.29% ~ 0.73%。大豆含粗纤维少，脂肪含量高，因此能值较高，钙磷含量少，胡萝卜素和维生素 D、硫胺素、核黄素含量也不高，但优于谷物子实类。大豆作为狐饲料必须进行蒸煮或者膨化，否则会导致动物消化不良，经膨化的大豆可以占到狐饲粮的 20% 左右。

花生饼：可以作为狐饲料使用。带壳花生饼含粗纤维在15% 以上，饲用价值低。国内一般都去壳榨油，去壳花生饼蛋白质、能量较高，花生饼饲用价值仅次于豆饼。赖氨酸含量为1.5% ~2.1%，蛋氨酸含量为 0.4% ~0.7%，色氨酸含量为0.45% ~0.61%，胱氨酸含量为 0.35% ~0.65%；含胡萝卜素和维生素 D 极少，维生素 B_1 和维生素 B_2 仅 5 ~7 毫克/千克，烟酸约在 170 毫克/千克，泛酸 50 毫克/千克，胆碱含量丰富，达1 500 ~2 000毫克/千克。花生饼本身无毒，但因储存不善可被黄曲霉污染，故储存时切忌发霉。

玉米 DDGS：市场上的玉米酒糟蛋白饲料产品有两种，一种为DDG，是将玉米酒糟作简单过滤，炉渣干燥，滤清液排放掉，只对滤渣单独干燥而获得的饲料；另外一种为 DDGS，是将滤清液干燥浓缩后再去滤渣混合干燥而获得的饲料，后者的能量和营养物质总量均明显高于前者。不同原料生产的 DDGS，产品的营养成分差别较大：干物质的含量为 87.3% ~92.4%，粗蛋白质为28.7% ~32.9%，粗脂肪含量为 8.8% ~ 12.4%，粗纤维为5.4% ~10.4%，灰分为 3.0% ~9.8%，赖氨酸含量为 0.61% ~1.06%，磷含量为 0.42% ~0.99%。DDGS 水分含量高，在堆积干燥之前，霉菌容易生长，因此，霉菌毒素含量很高，可能存在多种霉菌毒素，会引起蓝狐的霉菌毒素中毒症，导致免疫低下易发病、生产性能下降，所以必须用防霉剂和广谱霉菌毒素吸附剂。DDGS 中不饱和脂肪酸比例高，容易发生氧化，对动物的健康不利，在饲料中使用量超过 15% 时，建议添加抗氧化剂。DDGS 中的纤维含量高，使用酶制剂能够提高动物对纤维的利用率。有些产品可能有植物凝集素、棉酚等，加工后活性应大幅降低。

玉米蛋白粉：加工玉米淀粉的副产品，蛋白质含量50%~60%，氨基酸组成合理，可以在饲料中适当添加，最好控制在5%以内。

（3）果蔬类饲料

各种蔬菜、野菜和水果等果蔬类饲料，均可以作为狐狸的饲料，能够起到改善狐的饲料结构和适口性，提供丰富的维生素。妊娠、产仔、哺乳期间适当添加都具有良好的作用。通常在日粮中的添加比例建议为3%~5%。

3. 饲料添加剂

补喂添加剂饲料，狐常用的有鱼肝油、酵母、麦芽、棉籽油等，鱼肝油是维生素A、维生素D的主要来源。狐每只每天鱼肝油600~800国际单位，饲喂方法是将鱼肝油滴入食桶内搅拌后喂饲。如常年喂肝脏和海杂鱼，就不必再给鱼肝油。

三、蓝狐配合饲料及饲喂方法

按动物的营养需要来说，自然界中单一饲料所含的营养物质都难以满足动物全部的营养需要，狐狸和其常用的饲料原料也是如此。所以，要达到合理利用饲料，发挥各种饲料原料中营养物质的作用，就要按照狐狸的饲养标准给狐狸配制一个接近全价的平衡日粮来满足狐狸营养，发挥狐狸的生产性能，提高饲料的转化效率，降低单位产品的生产成本。

配合饲料是指各项营养物质搭配合理的全价饲料，目前，蓝狐饲喂配合饲料主要有3种形态，鲜配合饲料，干粉配合饲料及颗粒配合饲料，理论上可以只采用这一种饲料饲喂就能满足各个生产时期的营养需要，但是，在一些生产的关键时期，像是妊娠期、哺乳期干粉饲料和颗粒饲料需要适当补充鲜饲料原料。

鲜配合饲料是按照蓝狐各个阶段的营养需求，主要采用新鲜的动物性原料，添加少量的谷物性饲料原料或者其他干粉饲料，按照一定比例搭配而成的全价饲料。鲜配合饲料由饲料厂统一生产配送（图3-5）。由饲料厂生产加工搅拌好的新鲜饲料直接送到养殖场，贮存在养殖场的特制贮藏罐中。通常饲料在贮存罐中的保存时间夏天为1天，冬天为2~3天。喂食时采用自动喂食车，一天喂食两次，因为饲料黏稠度比较高，可以直接打到笼网上方或者饲料食板上。自动喂食车有灯光照明及喂食称重装置，电脑计算每只笼舍的喂食量，喂食车根据笼舍编号按量投放。

图3-5 鲜饲料生产设备

干粉配合饲料适用于没有鲜饲料加工厂的地区，这样可以不必产生购买和贮存鲜饲料的成本。国内养殖蓝狐大多采用干粉配合饲料，补充部分鲜原料的方式来饲喂。全价干粉饲料的优点是营养物质的含量和微生物的含量容易控制、运输和储存的费用都相对比较低（图3-6，图3-7）。

1. 配合饲料的优点

第一，狐狸配合饲料能最大的发挥狐狸生产潜能，增加生产

图 3 - 6　干粉饲料的传统饲喂方式

图 3 - 7　干粉饲料的喂食盆（盒）

效益。配合饲料生产是根据狐狸的营养需要、消化特点及饲料的营养特性配制而成的饲料配方，它能使饲料中各种营养成分比例适当，充分满足狐狸的营养需要。

第二，配合饲料能充分、合理、高效地利用各种饲料资源。

第三，配合饲料产品质量稳定、安全、高效、方便。

第四，应用配合饲料，可减少养殖业的劳动支出，实现现代化养殖。

2. 不同生理学时期蓝狐经验配方

蓝狐的营养需要和饲养标准计算对专业技术要求较高，并不适于广大养殖朋友，特此推荐养殖实践中饲喂效果较好的配方。如表3-3所示。

表3-3 不同生理学时期蓝狐饲料配方（风干基础%）

原料	育成期	冬毛期	配种准备期	妊娠期	哺乳期
膨化玉米	28.20	37.20	36.44	32.10	22.41
豆粕	16.50	16.20	9.00	12.00	15.55
羽毛粉	0.50	0.50	—	—	—
血粉	—	—	0.60	0.60	0.60
乳酪粉	—	—	1.00	0.50	0.90
肉骨粉	6.80	9.00	6.00	6.00	4.40
玉米蛋白粉	8.50	5.30	10.00	13.50	15.55
玉米胚芽粕	15.00	9.00	12.50	8.00	8.00
赖氨酸	0.30	0.50	0.88	0.60	0.22
蛋氨酸	0.20	0.30	0.78	0.60	0.44
鱼粉	16.00	12.00	16.80	21.05	24.15
食盐	0.50	0.50	0.30	0.30	0.30
豆油	6.50	8.50	4.30	4.15	4.83
预混料	1.00	1.00	1.00	1.00	1.00
磷酸氢钙	—	—	0.40	0.10	—
合计	100.00	100.00	100.00	100.00	100.00

（续表）

原料	育成期	冬毛期	配种准备期	妊娠期	哺乳期
营养水平					
代谢能（兆焦/千克）	14.11	14.53	13.35	13.47	13.46
粗蛋白质	32.14	28.07	30.43	35.10	39.84
钙	1.56	1.65	1.60	1.60	1.51
总磷	1.12	1.07	1.14	1.09	1.05
赖氨酸	1.61	1.66	2.48	2.47	2.35
蛋氨酸 + 半胱氨酸	1.19	1.15	1.74	1.74	1.75

3. 饲喂方法

（1）一天饲喂 3 次

该饲喂方式适用于蓝狐断奶分窝后到 8 月中旬。此段时间内，仔狐的生长发育迅速，消化系统的功能逐步完善。仔狐的胃容积较小，但食欲旺盛，如果饲料过多，由于贪食，会引发急性胃扩张。此外，外界环境温度较高，如果不能及时采食饲粮，剩料会酸败变质，蓝狐继续采食容易诱发食物中毒。采用每天饲喂 3 次，建议上午饲喂量为全天饲料量的 30%，下午的饲喂量为 40%，晚上的饲喂量为 40%。

（2）一天饲喂 2 次

该饲喂方式适用于 8 月下旬到 10 月中旬。蓝狐在此时期内，消化系统发育基本健全，体型基本接近于成年蓝狐，9 月之后，蓝狐开始换毛。蓝狐的饲喂量基本为代谢体重的 5% 较为适宜，增加饲喂量并不能显著提高蓝狐的生长性能，反而会降低饲料的消化利用率。建议上午蓝狐的饲喂量为全天饲喂量的 40% ~ 45%，下午的饲喂量 55% ~ 60%。

（3）一天饲喂 1 次

该饲喂方式适用于 10 月下旬到取皮或配种准备期。蓝狐在10 月下旬，基本达到体成熟，体重的增加由骨骼肌肉的生长转变为体脂肪的沉积，为过冬做准备。夏毛基本脱净，冬毛以开始迅速生长，蓝狐对蛋白质的需要从数量转变为质量，而且对饲粮中含硫氨基酸和能量需要较高。此外，外界环境温度相对较低，饲粮可以保存 12 小时以上而不变质。通过实践表明，蓝狐在此时期内，饲喂一次的生产效果与饲喂两次无明显差异。蓝狐每天单次饲喂方式的饲喂量达到饲喂两次的饲料量 80% ~ 85%，即可满足蓝狐的生长需要，显著降低了蓝狐的饲料成本和工作量。

第四章　蓝狐繁育小窍门

一、蓝狐的发情鉴定

发情鉴定是人们根据动物的行为、外生殖器变化、放对试情、阴道分泌物涂片、测情仪等方法判断动物是否发情并能接收交配的方法。由于蓝狐个体差异很大，使繁殖期时间跨度很大，可以最早从 2 月底开始，一直持续到 5 月中旬，交配的高峰在 3 月末到 4 月中旬。准确的发情鉴定是确保狐狸在发情旺期适时配种的关键，也是提高受胎率和产仔数的前提，所以，要严格掌握发情期。

1. 蓝狐发情鉴定的行为观察

蓝狐每年在 2 月末至 5 月中旬发情配种。在配种时期，公狐食欲减退，兴奋，在笼网中不停走动，活动量增加，会发出求偶的独特叫声；母狐发情时，精神不安，食欲下降，排尿次数增多，会发出求偶的独特叫声。发情公狐对母狐感兴趣，主动接近母狐，并有调情嬉戏行为，特别是通过在母狐笼舍通道之间放置发情的公蓝狐，如果地面撒放，要防止蓝狐打洞逃跑，已发情的母狐会通过笼网与公狐亲密接触，或者公狐在母狐笼下逗留时间较长，这些都可以作为一种行为来观察判断狐狸是否发情（图 4 – 1，图 4 – 2）。

图 4 - 1　发情公狐与发情的母狐通过笼网进行接触

图 4 - 2　发情公狐在发情的母狐笼网下方逗留

2. 蓝狐发情鉴定的外生殖器变化

母狐在发情配种期，按照外阴变化分为 5 个时期，未发情期（静止期）、发情前期，发情中期，发情旺期，发情后期。在母狐接近发情期时，要定时检查母狐的外生殖器。因为蓝狐的配种最佳时间可以持续 3～5 天，所以，对发情蓝狐最好两天检查一次。这是发情鉴定常用的一种方法，主要是观察母狐的精神状态、行为变化，特别是外阴部的变化特征来判断母狐是否发情。此方法简单实用，但要求检查人员具备一定的实践经验。

①未发情期（静止期）：阴门被阴毛所覆盖，若不扒开看不

到，阴裂很小（见图4-3，图4-4），在查情过程中我们可以采用"-"表示。

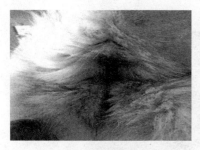 

图4-3 未发情蓝狐，阴门 　　　图4-4 未发情蓝狐，阴门
　　　被阴毛覆盖 　　　　　　　　需要扒开可见

②发情前期：阴毛分开，阴门露出，但无明显变化，阴道开始流出特殊气味的分泌物，经过2~3天阴门开始肿胀，逐渐增大，（见图4-5，图4-6），此时我们可以采用"+"表示，通常持续2~5天。

图4-5 发情前期阴毛刚见 　　　图4-6 发情前期外阴
　　　分开，外阴开始暴露 　　　　　　开始肿胀

③发情中期：外阴变红肿胀增加，呈圆形或椭圆形，肿胀面平整而光亮，呈粉红色，触摸时硬而无弹性。阴道分泌物颜色较

淡，较稀（图4-7），此时可以用"＋＋"表示，持续天数3~7天，一般情况下，此时蓝狐不接受交配，但为防止漏配，此时可以放对试情。

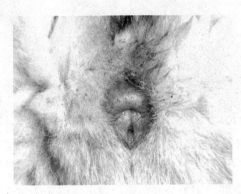

图4-7 发情中期外阴变红肿胀增加，肿胀面平滑光亮

④发情旺期：是适时交配的时期，此期必须配种。外阴部肿胀开始消退，外阴变黑，变柔软，肿胀面光亮消失而出现皱纹，触摸时柔软不硬，富有弹性，阴门外翻，呈暗红色或紫色，阴蒂暴露，呈圆形或椭圆形（图4-8），外阴流出有特殊气味的阴道分泌物，颜色由白变黄，性状由浆液性变为浓稠，有的母狐1~2天不吃饲料。此时可以用"＋＋＋"表示，表示可以接受交配，持续天数3~6天。

⑤发情后期：外阴肿胀消退，回缩，外阴颜色变浅，阴部污秽不洁（图4-9）。

3. 蓝狐发情鉴定的放对试情

目前，随着人工输精的普及，很多小饲养户不再养殖蓝狐公兽，这样不会存在放对试情的问题。但是，对于一些养殖规模不大，通过其它方法进行发情鉴定技术不是很娴熟的饲养场来说，

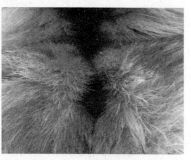

图4-8　发情旺期外阴变黑，
　变柔软，雌狐允许交配

图4-9　发情后期
　配种结束

放对试情无疑是一种很好的方法。试情时将有发情表现的母狐放入公狐笼中，根据母狐在性欲上对公狐的反应情况来判断其发情程度。经过一番熟悉后，如果母狐接受公狐的闻、嗅等调情活动，公狐举足爬跨时，母狐站立不动，将尾偏向一边，接受并迎合公狐的交配动作，这就是发情的征候，说明母狐此时接受交配，此时要尽早的交配成功或人工授精。母狐接受交配的时间可以在5~6天内。相反，如果母狐的身体下伏、躲避或者攻击、撕咬公狐，说明母狐还没有达到发情旺期，需要重新进行观察。如果试情时公母狐有敌对情绪或出现攻击对方的行为时要立即分开。此法由于让动物自身进行识别，所以，比较可靠，而且表现明显，容易掌握。选用的试情公狐要体质健壮、性欲旺盛、无捕咬母狐的恶癖。试情可以隔1天进行1次，每次试情时间为20~30分钟，一般不超过1小时。

　　个别母狐和部分初次参加配种的幼龄母狐缺乏发情的外部表现，但其卵巢的卵泡仍发育成熟，称这种现象为安静发情。还有些母狐的发情期非常短，还没有出现明显特征就进入发情后期，称这种现象为短期发情。以上两种现象都容易错过配种机会，采用试情法进行发情鉴定可以较准确地确定这类母狐的适时交配期。试情还可以起到异性刺激的作用，达到促进发情的目的。外阴部的颜色或肿胀程度，某些改良种狐表现的不那么明显，即没有较大的红肿过程，便可以达成交配并受孕，为此在发情鉴定过程中，要特别重视试情放对，观察其性行为。两种鉴定发情方法必须结合、综合判断，才能正确鉴定。否则将会耽误配种良机，给养殖带来损失。

4. 蓝狐发情鉴定的阴道分泌物涂片法

这是鉴定母狐是否发情沿用已久的一种方法。此法是用灭菌棉球蘸取母狐的阴道内容物，制成涂片，在显微镜下放大 200 ~ 400 倍观察，根据阴道内容物中白细胞、有核角化上皮细胞和无核角化上皮细胞所占比例的变化，判断母狐是否发情。阴道内容物涂片法鉴定母狐发情主要在狐的人工授精时使用。

未发情期（静止期）：阴道内容物上可见到白细胞，很少有角化细胞（图 4 - 10）。

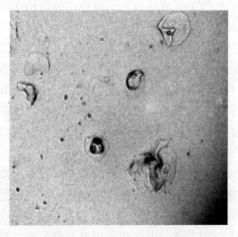

图 4 - 10　未发情期（静止期）

发情前期至中期：阴道内容物图片上可观察到有核角化细胞不断增多，最后可见到大量的有核角化细胞和无核角化细胞分布（图4–11）。

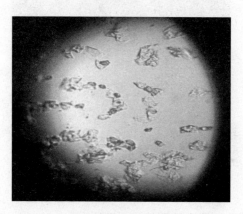

图4–11　发情前期

发情旺期：阴道内容物涂片上可见到大量的无核角化细胞，占70%～90%和少量的有核角化细胞（图4–12）。

图4–12　发情旺期

发情后期：阴道内容物涂片上可见到较多的有核角化细胞，同时开始出现白细胞（图4–13）。

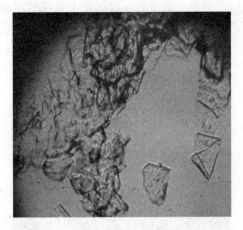

图 4 - 13　发情后期

5. 蓝狐发情鉴定的测情仪检测法

目前，在养狐发达国家，像芬兰、挪威开始采用测情仪进行蓝狐的发情鉴定，国内规模养殖场也开始出现使用。测情器的工作原理是测量蓝狐阴道的电阻值，测得数值的单位是欧姆。发情期母狐阴道黏膜角化细胞增多，导电性降低，电阻值增加，到排卵时，阴道上皮角化程度和电阻值都达到最高。

采用测情仪检查之前，需要先根据外阴变化的记录来判断。当外阴变化出现"＋＋"后，每两天测定一次，当标记为"＋＋＋"后，每天测定一次。发情期蓝狐的最大电阻值通常出现在 800 ~ 1 200 欧姆。蓝狐通常在阴道电阻值达到最大后 24 ~ 48 小时内进行交配或者人工输精，此时测量电阻值开始出现下降（图 4 - 14）。需要注意的是，有的母狐阴道电阻值增长快，电阻值达到顶点后下降的也快，发情曲线升高后立刻下降，对于这样的母狐要及时配种；有的母狐发情时间持续较长，电阻值居高不下，则在电阻值最高点出现的第 3 天进行交配或人工输精。

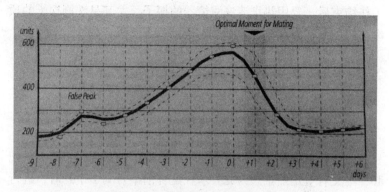

图 4 - 14 阴道电阻值变化模式图

测情仪的使用方法：使用测情仪之前，先把狐外阴部四周擦拭干净，然后将已经进行消毒和清洗的探头缓慢插入雌狐阴道的底部。按下开关，读取显示器所显示数值，根据每次测定的记录，判断最佳输精时间（图 4 - 15）。需要注意的是每次测量完后，探头必须在消毒罐中浸泡 30 秒。测量时，特别注意如果尿道中的尿液进入阴道，会导致测量的电阻值降低，此时不能作为判断可以输精的依据。测定时要求检测人员操作迅速，读数准确，并注意探头的卫生消毒，防止感染及传播疾病。全天的测量

图 4 - 15 测情仪检测方法

工作结束后，要用热水清洗测情器的探子，尤其是洗刷探子的顶部，然后放在干净地方晾干，以备第二天使用。

二、蓝狐的配种技术

1. 调整体况

改良种狐多数体型较大，属疏松体况，种狐不爱运动，易肥胖，本交有一定困难。为此要求在配种前半月到1个月时，进行体况调整，要求达到营养中上等水平，这样体质健壮，才能有良好的配种能力。

2. 适时配种

因为狐1年只有1个发情期，所以，母狐达到发情持续期要适时放对配种。配种期以3~4月为好，但要集中在3月较为适宜，因为过早、过晚均会影响狐的生长发育。饲养时间长，增加饲养费用，所以，不要盲目追求配种日期越早越好。

母狐从开始有发情表现到真正达成交配，一般要5~10天才能进入发情盛期，持续接受交配的日期仅有1~4天，此时一定要不失时机，抓住早晨、傍晚或天气凉爽的时机放对配种。

3. 正确复配

初配后第1天复配，第2天、第3天连续（连日）复配；也可以初配后第1天不复配，第2、3天复配，均可收到良好的繁殖效果。

4. 精液品质检查

是确保配种质量的可靠方法，必须坚持进行。个别公狐有无精、少精或畸形精等不具备与卵子结合的能力，均属不能受孕的无效交配，要及时更换公狐重新配种。

5. 自然放对

笼养蓝狐要适时放对。将母狐放入公狐笼内，早晨、傍晚各放对 1 次，喂食后半小时内不放对配种。放对以后，暗中观察，保持安静，不要惊动。公狐接近母狐时，先伸嘴巴嗅闻母狐的外阴部，公母狐玩耍一段时间后，母狐将尾巴翘向一边，静候公狐交配。这时公狐将两前肢举起，爬跨在母狐后背上，后躯身前后频频抽动，将阴茎部贴入母狐臀部，抖动加快，两前肢紧抱母狐，两后肢用力蹬网底，公狐臀部急促抖动，呼吸加快，然后眯起眼睛，这时交配成功。公狐在母狐背部短暂的停留后，从母狐背上滑下、转身，出现"连锁"现象，连锁短到几分钟，长到 2 小时，一般 30 分钟左右。一般几只公狐分别与母狐交配效果更佳，这样可以大大提高受胎率。有条件的配完种后进行镜检，对死、弱精子多的公狐要及时淘汰。但若留种狐用，要先选定 1 只母狐进行交配，建立配种记录，禁止近亲配种。

三、蓝狐的人工授精

人工授精是指获取雄性动物精子，采用人工方法而不是自然交配方法，将精液输入雌性的子宫或子宫颈的授精过程。采用人工授精的主要目的是为了节省精子，以便能够使优秀的种公兽得到更多的后代。蓝狐的人工授精过程包括：采精、精液品质检测、精液的稀释、母狐的发情鉴定和人工输精。在 1987 年春季，我国开始应用蓝狐人工授精技术，1990 年春季开始在全国各地养狐场推广应用。1998 年春季，我国从芬兰国家进口大体型芬兰蓝狐，随着芬兰蓝狐改良地产蓝狐的开展，蓝狐的人工授精技术得到了广泛的使用。

1. 人工授精的优点

人工授精之所以受到人们的普遍重视，主要是因为有下列优点。

（1）提高了种公狐的使用效率

自然交配公母狐配种比例为 1：5，采用人工授精可达 1：（15～20），大大提高了种公狐的配种效能。

（2）加快了狐群的改良进度

人工授精技术增加了优秀公狐的与配母狐数，使优良个体的后代迅速增加，加快群体品质的改良，尤其是用芬兰蓝狐改良地产蓝狐，使种群整体品质快速提高。通过定向选配还为新品种及彩狐新色型的培育奠定了技术基础。

（3）降低了饲养成本

由于减少了公狐的留种数量，节省了饲料、笼具及人工的支出，从而降低了养殖成本。

（4）可生产蓝霜狐

由于蓝狐和银狐分属狐属和北极狐属，存在着发情时间不一致而造成生殖隔离现象，采用人工授精，可以解决自然交配中存在的问题。

（5）减少了疾病的传播

人工授精解决了公母狐的接触和聚集，避免接触性传染病及寄生虫疾病的传播和扩散。

（6）解决自然交配中的一些困难

自然交配中常因公母狐体型差距大、择偶性强、阴道狭窄、发情不明显、肢体缺陷等出现交配困难，而人工授精可防止发情季节母狐的失配。

2. 人工授精技术

（1）输精前的准备

采精室：采精保定架、42～45℃消毒液温水、擦拭狐体的毛巾、消毒柜、烘箱、测情器、高压灭菌锅、集精杯。地面用地板革铺上，采精、输精要分开。

精液处理室：冰箱、超净台、培养箱、400倍显微镜、载玻片、盖玻片、精液稀释液、酒精灯。

输精室：输精保定架、扩张管、输精枪、酒精灯、2毫升注射器、酒精棉球、消毒的蒸馏水棉球、记录本。

采精前采精室、精液处理室和输精室都要经紫外灯消毒（每10平方米用1支40瓦的紫外灯），照射1～2小时，并在关闭灯光4小时后使用，室内地板要用消毒液消毒，保持清洁，无灰尘。人工授精场所要求有良好的采精和输精环境，要求各室清洁、保温安静，室温保持25～30℃。

（2）精液采集方法

采用按摩采精法（图4－16，图4－17），将公狐放在采精台上，使狐自然站立，一人用狐钳保定头部和尾部，采精员用消毒液浸泡的热毛巾擦拭公狐的腹部、包皮、阴囊、会阴部及大腿外侧部。然后用手指轻轻按摩阴囊，之后右手呈握笔式将阴茎轻轻握住（拇指和食指在阴茎两侧，中指在腹面握住阴茎）开始撸压包皮，速度逐渐由慢变快，使阴茎勃起，待阴茎中部的球状海绵体膨大，把集精杯的包装纸去掉，开始收集精液，同时有节奏的撸压球状体及其后部的阴茎，促使公狐射精。一般人工采精每日采一次，连续采2～3次后休息两天，在一个配种期内，可以采集10～20次，每次采精可以输8～12只左右，可以产生500～1 000只仔兽。也可根据狐的体况和精液品质灵活掌握。

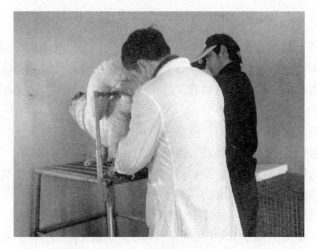

图 4 - 16　人工采精（辅助保定）

图 4 - 17　手按摩法采集精液

（3）精液的检查及稀释

公狐每次的射精量不同，多者 1.5～2.0 毫升，少者几滴或没有，正常精液为乳白色略带腥味，稍加稀释呈云雾状。采集的精液要在 400 倍的显微镜下检查，检查精子的密度和活力，精子活力 0.7 ~ 0.9。将狐精液专用稀释液加温到 35 ~ 37℃，用注射器吸取稀释液缓慢注入集精杯中，并把杯壁的精液冲到杯底，边加边轻摇，使之混匀，一般根据精液密度及活力稀释 1 ~ 3 倍。如果暂时不能输精，则放在 35℃ 的培养箱中保存。存放时间不宜超过 3 小时。

（4）输精方法

对母狐进行发情鉴定，当确定需要输精时，采用人工输精法配种。每次输精 1.0 ~ 1.5 毫升，内含有效精子为 0.5 亿 ~ 1.0 亿。将狐钳挂在保定用的套子上，尾巴稍提起，使狐悬空，输精员穿好工作服、带上橡胶手套，首先用酒精棉给狐的外阴消毒，再用蒸馏水药棉擦拭 1 遍，用一次性 1 毫升注射器吸取已升温到 35 ~ 37℃ 的精液 1 毫升。输精员一只手用中指和食指轻轻按压母狐阴部外缘，使母狐阴裂打开，便于扩张管的插入，另一只手捏住消毒好的扩张管末端，另一端徐徐捻转插入母狐的阴道内，使扩张管的先端到达子宫颈口，将输精针的先端和末端用酒精灯瞬时消毒，将先端弯头朝上插入扩张管内，左手隔着软腹壁，沿着扩张管的顶端用拇指、食指、中指固定子宫颈的位置，右手执笔似的捏住输精针末端，将输精针的先端缓慢插入子宫颈口 1 ~ 2 厘米处，另一只手将事先吸好精液的注射器迅速安在输精针上，注射器的吸嘴处要用酒精灯瞬时消毒，吸完精液后再吸入少量的空气，使留在输精针中的精液能全部注到子宫颈内（图 4 - 18）。输精时要把握输精针是否通过子宫颈口（图 4 - 19，图 4 - 20）。蓝狐阴道解剖见图 4 - 21 至图 4 - 24。

（5）输精次数

发情准时的母狐可间隔 48 小时输精一次，连续输精 2 次即可，超过 3 次并不能增加产仔数和受胎率反而浪费了精液，增加了感染机会，生产中为了稳妥，都采用 2 次或 3 次输精。

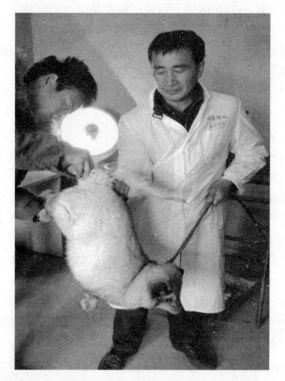

图 4 - 18　蓝狐人工输精

图 4 - 19　输精针前端在子宫颈的下部（错误）

图4-20 输精针前端在子宫颈口5毫米处，此时可以输精

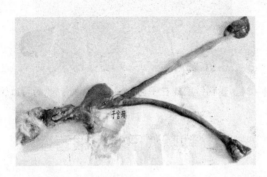

图4-21 蓝狐生殖道

图4-22 蓝狐阴道子宫颈口

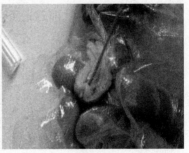

图4-23 输精针前端在子宫颈的下部（错误）

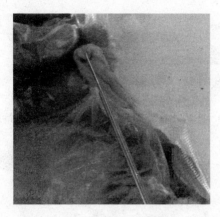

图 4 - 24　输精针前端在子宫颈口 5 毫米处，此时可以输精

四、种蓝狐日常饲喂管理

1. 准备配种期的饲养管理

每年秋分之后，随着光照时间的逐渐缩短，与生殖和换毛有关的内分泌活动增强。但在冬至之前，生殖器官的发育比较缓慢，冬至以后日照回升，内分泌活动进一步增强，生殖器官迅速发育。根据光照周期规律和生殖器官发育的特点，从秋分至翌年配种之前为准备配种期。此期饲养管理水平的好坏，直接影响公狐的配种能力和精液品质，母狐正常发情、受胎和胚胎的发育情况。这个时期的主要任务是调整日粮的营养水平，增加日粮中蛋白质比例，以使种狐配种前达到中等偏上的体况。同时要逐步增加光照，以刺激其性腺发育，可把种狐放在朝阳的地方。

（1）准备配种期的生理特点

蓝狐的准备配种期可分为 3 个阶段：即 11 ~ 12 月为准备配

种前期；翌年 1~2 月为准备配种中期；翌年 3 月为准备配种后期。准备配种前期在母狐产仔及哺乳结束后，母狐的生殖器官由静止进入活动期，内分泌活动增强，母狐的卵巢开始发育，公狐的睾丸也逐渐增大。这段时期要加强对母狐的饲养管理，如果母狐营养不良，母狐的卵巢发育不好，将会影响下年发情、产仔。进入准备配种后期，公、母狐生殖器官发育增快，生殖细胞开始进入发育状态。准备配种期也是狐冬毛生长期，此期要加强种狐安全越冬管理，促进性器官的发育与成熟，保证毛绒的正常生长。

（2）准备配种期的饲养

成年种狐由于前一个繁殖期的影响，体质仍较差，还待恢复；育成种狐处于生长发育阶段。因此，在准备配种前期饲养上，要满足越冬成年狐体质恢复，促进育成狐的生长发育，有利于冬毛成熟。准备配种后期的任务是全价饲料饲养，调整公、母种狐的体况，每天补充鱼肝油 2~3 滴，维生素 E 1~2 粒或维生素 E 粉适量。狐用微量元素、多种维生素添加剂，要在日粮中天天补给。另外，还要根据种狐的体况定量饲喂，每天早、晚各喂一次，防止喂饲过量，出现过肥。准备配种期公、母狐日粮标准和各种饲料比例见表 4-1。

表 4-1 准备配种期公、母狐日粮标准和各种饲料比例

月份	日粮标准			饲料混合比例/%			补充饲料/（克/只）		
	代谢能/（千焦/千克）	蛋白质/克	湿料重/克	动物类	谷物类	蔬菜类	酵母	骨粉	食盐
11~12	2 350	38	750	40	45	5	5	3	3
	2 260	41	850						
1~2	2 150	39	700	45	40	8	5	3	3
	1 950	43	800						

（3）准备配种期的管理

在元旦前后，种狐接种的疫苗主要有 4 种，其中，皮下注射的有犬瘟热病毒活疫苗、脑炎活疫苗和阴道加德纳疫苗，肌内注射的为细小病毒性肠炎灭活苗，皮下注射可在后腿内侧，肌内注射可在臀部。建议先分部位注射犬瘟热、脑炎苗，15 天后再注射细小病毒和加德纳苗。

保证光照，将狐在自然光照下饲养，不能把狐放在背阴、潮湿的地方饲养。无规律的增加或减少光照，都会影响生殖器官的正常发育和毛绒的生长。饮水充足，水对狐的新陈代谢起着非常重要的作用，缺水会使狐出现口渴、食欲减退、消化能力减弱，严重时会导致代谢紊乱，甚至死亡。因此，每天要保证水槽内有清洁饮水，天气寒冷时每天补给一次温水。

体况与繁殖能力密切相关，适宜的体况才能有高水平的繁殖性能。体况控制是在满足营养、确保健康的前提下，把狐狸体况调整到有利于提高繁殖能力的理想程度。公狐过肥会造成性欲降低，精液品质低劣，配种能力及次数降低等；母狐过肥，在卵子周围蓄积过多脂肪，影响卵子的正常发育，延误发情，同时影响受孕率；子宫体周围脂肪蓄积过多，在妊娠期会造成胎儿发育不均、大小不一。体况过肥的母狐还会造成难产，产后缺乳等症；母狐过瘦同样影响正常的发情、配种和妊娠。对过肥、过瘦的种狐要实行不同的营养标准，在 11 ~ 12 月，注意观察狐的体况，要控制在中等或中上等水平。

鉴定种狐体况一般在 12 月初进行，方法有 3 种。触摸鉴定是饲养人员用手触摸狐的背部、肋部、后腹和臀部。过肥的狐背平、肋骨不明显、后腹圆厚，臀部宽平或中间凹陷；过瘦的狐脊椎和肋骨突起，后腹空松，臀部曲线隆起如鸡蛋小头形状；中等体况介于二者之间。称重鉴定，不同的狐群和个体间体重存在着较大的差异。芬兰原种公狐体重 14 ~ 16 千克，母狐体重 9 ~ 11

千克。可采用体重指数法来确定其肥度，体重指数1厘米体长的体重为80～100克，此种方法比较准确。目测鉴定是观察狐体躯，特别是后躯是否丰满，运动是否灵活，皮毛是否光亮，以及精神状态等来判定狐的体况。要求鉴定人员必须要有丰富的饲养经验和熟练的观察能力，否则判定的误差将会很大。

体况鉴定要做好记录，对个别过肥或过瘦的个体做好标记，以便采取相应措施调整体况。减肥方法：一是加强运动，对喜欢卧在箱内的狐用挡板把箱的进口闩住，把狐隔在运动场上，每天饲养员用一定的时间进行逗引，增加狐的运动量；二是控制食量，适当减少过肥狐的饲料供给量；三是调整日粮配方，如果是全群狐偏肥，应适当降低日粮中脂肪和糖类饲料的比例，适当地增加蔬菜饲料的供给量。增肥方法：一是增加食量，对于个别偏瘦的狐，要增加饲料的供给量；二是调整日粮配方，如果全群狐偏瘦，则应提高日粮标准，增加日粮中脂肪和蛋白质的比例。对于个别狐食欲较差要查找原因，对症治疗。对过肥狐的减肥和过瘦狐增肥都要适度控制，不要大起大落，饲料的改变也要逐步进行，一般不提倡饥饿减肥。对个别营养不良，发育受阻或患有疾病，有自咬症、食毛症的种狐可淘汰取皮。

准备配种后期应把各公狐笼和母狐笼交叉摆开，使异性狐隔网相望，刺激其性腺发育。加强运动，促使种狐运动增加活动量，可使狐食欲增强，体质健壮；发情正常，性欲旺盛；公狐配种能力强；母狐发情配种顺利。蓝狐3月初至5月下旬发情，因此，进入3月初就应对全群母狐进行检查。做到对全群母狐发情情况，有详细了解。配种开始前要做好技术人员培训，制定配种方案，授精用品，如记录本、显微镜、烤箱、稀释液、输精器械、采精杯和采精架等的准备工作。

2. 配种期的饲养管理

配种期是养狐场全年生产的重要时期。此期饲养的中心任务，是使公狐有旺盛、持久的配种能力和良好的精液品质；使母狐能够正常发情，适时完成交配。母狐适时配种和加强种公、母狐的饲养管理是这个时期的工作重点。

(1) 配种期的生理特点

蓝狐的配种期在 3 ~ 4 月。进入配种期的蓝狐由于性激素的作用，食欲普遍下降，并出现发情、求偶等性行为。公狐为完成配种任务，排出大量精液；母狐也要陆续产生和排出较多的卵细胞。种狐营养消耗很大。

(2) 配种期的饲养

种狐在发情配种期，由于性欲冲动，神经兴奋，食欲下降。所以配种期的饲料要求少而精，体积小，易消化，营养全价，适口性好。在日粮中要加大动物性饲料的比例，要有足够的全价蛋白质、多种维生素、微量元素等。公狐中午还要补饲一次优质饲料：肉、鱼类占 40%，肝占 15%，奶、蛋类占 45%，能吃多少给多少，配种期的营养需要见表 4 – 2。

表 4 – 2　配种期的营养需要

| | 代谢能（千焦） | 可消化蛋白质（克） | 维生素 | | | | | 钙（%） | 磷（%） |
			A（国际单位）	E（毫克）	B₁（毫克）	B₂（毫克）	B₆（毫克）		
公狐	1 924.6	46	2 500	30	3	3 ~ 6	1	0.5	0.5
母狐	1 759.3	42	2 400	30	3	3 ~ 6	1	0.5	0.5

(3) 配种期的管理

这个时期的主要工作，就是保证全部母狐都达到发情配种，保证配种质量。由于各地气温不同，饲养管理也存在差异。对性欲旺盛的公狐要适当控制，防止利用过频；对发情较晚的公狐，要耐心训练，使其与初配过的母狐交配，争取初配成功；对发情晚的母狐，每天把笼上盖打开，增加光照，补喂维生素 E 粉，争取母狐提早发情配种。另外，注意精液品质检查，对配种初期和末期要抽查镜检，尤其是对已经多次配种的公狐。注意正确识别种狐的发情特点，并注意观察，以防漏配。为确保受胎，提高准胎率，不管是本交还是人工授精，都要在第二天再配一次。

在配种期需要注意以下几方面。

①保证良好的配种环境

配种期公狐对周围环境十分敏感，容易受惊，有的狐因外界环境的干扰而分散精力，导致配种能力下降。因此应保持饲养场的相对安静，避免闲人入内。放对后要注意观察公母狐的行为，防止咬伤，若发现公母狐互相有敌意时，要及时把它们分开。另外，要搞好食具、笼具和地面卫生工作，特别是温度较高的地区，更应重视卫生防疫工作。

②合理饲养

配种期可采用一次或两次喂食制。如果下午一次喂食，早晨和上午的时间用来配种，则上午配种结束时，对种公狐进行补饲。采用两次饲喂，如在早食前放对，公狐的补充饲料应在午前喂；在早食后放对，应在饲喂后半小时进行配种。配种期投喂饲料的体积不宜过大，以免降低公狐的活跃性而影响交配能力。

③保证饮水

配种期由于频繁配种，尤其是公狐配种后口渴，饮水量增多，因此要保证充足清洁的饮水。

④防止跑狐

由于抓狐频繁，操作时应耐心仔细，严防跑狐，以免抓捕、追狐时造成对整个狐场的惊扰。

对于已配的母狐应做好配种记录，为以后选种、选配提供科学依据，并把结束配种的母狐，按配种顺序归入妊娠母狐群饲养。

五、妊娠期的饲养管理

妊娠期是母狐全年各生物学时期中营养水平要求最高的时期，此期新陈代谢旺盛，食欲增加，体重增大，这一时期营养水平直接关系到母狐是否空怀和产仔多少，也影响仔狐出生后的健康状况。妊娠期是决定生产成败最关键的时期，此期饲养管理的中心任务是保证胚胎正常发育。

1. 妊娠期生理特点

母狐进入妊娠期后，胎儿开始发育，母狐腹围增大，乳腺发育，同时脱掉冬毛换夏毛。此期生理变化明显，表现为行动迟缓，喜欢卧着休息和晒太阳，个别母狐还会出现妊娠反应。

2. 妊娠期的饲养

日粮要保证品质新鲜、营养全价、易于消化、适口性强，并依据妊娠的进程，逐步提高营养水平。严禁饲喂贮存时间过长、霉烂变质的饲料，饲料中不允许搭配死因不明的畜禽肉，难产死亡的母畜，带甲状腺的气管，含有性激素的畜禽副产品（胎盘、公母畜生殖器官）等。

（1）妊娠前期（1~20天）

母狐对营养的要求量不大，仅要求饲料新鲜、适口性好即可，但蛋白质含量要高，维生素 A、维生素 B_1、维生素 E 应当给以充分满足，饲料中可按量添加复合维生素与维生素 E 胶囊。不要喂脂肪偏高的饲料，日粮能量水平稍低点为好，体质情况可维持中等至中上等水平。在配种后 8 天左右可注射黄体酮 0.5 毫升，促进其安胎和保胎。

（2）妊娠中期（21～40天）

妊娠3周可发现母狐食欲减退，轻微呕吐，这是妊娠反应。胎儿从30天后发育迅速，母狐对营养需求逐步增大，饲料需要量也随之增加，此期饲料质量要高，多样化，动物性饲料和植物性饲料各应在4种以上，要应控制好体况，以防母狐过肥。

（3）妊娠后期（40天以后）

母狐体内的胎儿骨骼已经形成，生长发育迅速，对矿物质、钙、磷的需要也越来越多，所以应在日粮中逐渐加入骨粉、贝壳粉等矿物质饲料。

（4）妊娠后期

此期是狐全年饲养水平最高的时期，要求饲料营养全面、新鲜、适口性好，供给量要逐渐增加，品种质量要稳定，这样才能使妊娠期母狐有旺盛持久的食欲。此时期可多喂些青饲料，这对保证母狐泌乳有良好的效果。每日中午可增加动物饲料，如牛奶、牛肝、鸡蛋等蛋白质饲料。部分母狐会在妊娠前期出现妊娠反应，不食或呕吐，或食欲不振等，发现此种情况可给狐一些喜欢吃的食物，如大白菜、黄瓜、番茄、新鲜小活鱼、鲜牛肝、鸡蛋、鲜牛肉等。只要每天能吃一些食物，就不影响妊娠和产仔。在妊娠母狐的日粮中可适当补充硫酸亚铁，预防初生仔狐缺铁症，在饲料中补充钴、锰、锌等微量元素，可降低仔狐的死亡率。妊娠期天气逐渐转暖，饲料不易贮存，要求饲料品质新鲜，并保持饲料的相对稳定。腐败变质的饲料会造成胎儿中毒死亡，发生流产。在产前5天左右减少日粮标准的20%～25%，以保证雌狐能顺利产仔。

3. 妊娠期的管理

在母狐的妊娠期应禁止外人参观，饲养人员操作时动作要轻，更不可在场内大声喧哗，以免母狐受到惊吓而引起流产、早产、难产、叼仔、拒绝哺乳等现象。为使母狐习惯与人接触，产仔时见人不致受惊，从妊娠中期开始饲养人员要多进狐场，通过食物引逗等方式进行驯化，使狐与人亲近，并对狐场内可能出现的应激加以预防。保证妊娠母狐全天有充足的饮水，同时要保证饮水的清洁卫生。每天刷洗饮、食具，每周消毒1次或2次。饲养人员每天都要注意观察狐群动态，发现有病不食者，要及时请兽医治疗，使其尽早恢复食欲，以免影响胎儿发育。

早配和晚配的母狐时间差距很大，可把妊娠狐分成两批进入妊娠期的饲养。母狐妊娠期30天后，一定要固定笼舍，不再对其进行抓捕，同时饲养人员要注意笼舍的维修，防止跑狐，一旦跑狐，不要猛追猛捉，以防机械性损伤而造成流产，或引起其他妊娠狐的惊恐。同时还要搞好狐舍的卫生和消毒，保持狐舍的安静，尽量减少惊吓等强应激因素的发生。

六、产仔泌乳期的饲养管理

蓝狐产仔泌乳期从4月中旬至6月上旬，是从母狐产仔开始直到仔狐断奶分窝为止。此期母狐的生理变化较大，体质消耗较多。饲养管理的正确与否，影响到母狐泌乳力、持续泌乳时间以及仔狐的成活率，直接影响养狐场的经济效益，是养狐的重要环节。这个时期的中心任务是确保仔狐成活和正常发育，达到丰产、丰收的目的。

1. 产前准备

母狐妊娠期平均为52天（48～58天），根据配种日期计算预产期，计算方法从母狐最后一次受配的日期算起，月份加2，日期减7。预产期5天之前对产箱要进行清理，并用喷灯火焰消毒，在产箱内铺设消毒好的垫草，垫草在产箱四角要铺满、压实，在产前一次絮足，产仔期始终保持垫草充足，在垫草上固定一层孔径为 1 厘米 ×2.5 厘米的铁丝网，以防母狐扒出垫草。产前 3 天打开产箱门，使母狐进入产仔箱熟悉生产环境，同时准备好母狐生产用的药品和器具。

2. 母狐的分娩

狐的产仔时间多数集中在 20：00～21：00 或天亮前，少数在白天产仔的，分娩过程大约为 2～3 小时。母性强的母狐，能在产仔后断掉仔狐脐带，并将胎衣吃掉，舔干仔狐身上的胎液。

（1）临产表现及顺产

在母狐妊娠的后期，要做好产前的观察。母狐产前 1～3 天有临产征兆，表现为拔掉乳房周围的毛；停食 1～2 顿；频频出入产箱；外阴肿大，有黏液流出；努责或回视腹部。有的母狐还不时发出叫声，有扒产箱和笼网现象。母狐一般都能顺利分娩，仔狐头挨着头，尾挨着尾地流出产道。

（2）难产表现及采取的措施

个别的母狐会发生难产，难产的原因多数都是因母狐第 1 年或第 2 年没有配上，第 3 年配上后，因阴道狭窄或胎儿长的大而造成难产。症状为母狐到了或超过预产期并表现出临产症状，但迟迟不见仔狐娩出，频繁出入产箱，回视腹部或舔外阴部，不断发出痛苦的叫声，也有的精神萎靡，趴卧不起。

如羊水已流出，长时间不见仔狐产出，或胎儿嵌于生殖孔分娩不出来时，可进行人工催产。如果催产素使用过早，子宫颈口未开，在催产素的作用下子宫会强烈收缩，易造成子宫破裂。使用过晚，胎衣已破裂，羊水流出，易使胎儿窒息而亡。催产素可分 2 次注射，第 1 次可肌内注射 0.4～0.6 毫升，经 1 小时还未产仔，再注射 0.8～1.0 毫升。

见胎儿露出又不能自然娩出，则可进行人工助产。助产时，先用消毒药液做外阴部处理，再用甘油做阴道内润滑剂，消毒后的右手食指和中指伸入产道内，先扩阴门边缘，将胎儿体位理顺拉出。经催产、助产无效时，要及时进行剖腹产手术。手术前，将母狐仰面用保定架保定。在桌子上面垫上塑料布或卫生纸，把母狐四只腿保定好，嘴用绳保定好。在腹部下 2/5 处用剃须刀将手术部位的毛刮光，碘酊消毒、酒精脱碘，盖上消毒好的创布，用 6～8 支盐酸普鲁卡因，沿切口皮下注射局部麻醉。在手术时，刀口长度以 10 厘米左右为宜，在子宫上避开子宫顺切 6～7 厘米即可取出胎儿；取出的胎儿立即剥去胎衣，挤出鼻口中的黏液，擦干胎儿身上的羊水，左右手托起仔狐，做人工呼吸。剪去肚脐带，长度留 10 厘米长即可，将其放在 25～30℃ 的保温箱中。胎儿全部取出后，往腹腔及子宫中撒 80 万国际单位的青霉素粉。缝合子宫、腹膜和皮肤。

3. 分娩后的饲养

母狐哺乳期的日粮应维持在妊娠期的水平，饲料种类上尽可能多样化，要适当增加蛋、奶等容易消化的全价饲料。日粮配比：鱼肉类 195～320 克，谷物类 45～56 克，蔬菜类 46～75 克，乳类 130～140 克，骨粉 10～11 克，酵母 9～10 克，食盐 2～2.5克。蓝狐日粮需蛋白质 53～64 克，脂肪 17～21 克，碳水化合物 40～48 克。母狐产后 1 周左右，食欲会迅速增加，应根据其胎产仔数和幼狐的日龄以及母狐的食欲情况，每天按比例增加饲料量。由于母狐产仔初期食欲较差，要少量多次，3 天后日喂 3次，定时定量。仔狐 20～25 日龄时进行补饲，一般每日补饲 2次。补饲时可将新鲜的鱼、肝、蛋、乳等调成糊状，让幼狐采食，补饲后放回原窝。补饲仔狐，一是可以减轻母狐的哺乳负担，二是可以满足仔狐生长发育的需要。

4. 分娩后的管理

（1）保证乳汁的分泌

狐乳的营养非常丰富，特别是初乳中除含有丰富的蛋白质、脂肪、无机盐外，还含有免疫抗体。此期应提高饲料营养水平，可在妊娠期的基础上增加鸡蛋和牛奶饲喂量，对母狐泌乳大有好处。母狐产仔后由于吃了胎衣会出现几次绝食，但3天以后，就会恢复正常。饲料质量要求全价、清洁、易消化、新鲜。发霉腐败的饲料决不能喂狐，否则将引起仔狐及母狐的胃肠疾病。对乳汁不足的母狐，要增加营养水平调理和饲喂催乳药，若乳汁仍能满足需要时，需根据情况将仔狐部分或全部取出，用其他可代养的母狐寄养。

（2）精心护理仔狐

初生仔狐体温调节机能不健全，生活能力弱，全靠温暖的产窝，以及母狐的照料而生存。因此，小室内要有充足、干燥的垫草，以利保暖。同时在做产箱时，就得保证不能让冷风直接吹入产箱。

（3）保持环境安静

母狐在产前几天和产后20天内，对外界环境变化反应敏感，稍有异常响动或环境突然变化都会引起母狐烦躁不安，从而造成母狐发生流产、叼、咬仔狐，甚至吃掉仔狐现象，因此，在狐的产仔期，要谢绝参观，拒绝非工作人员进入狐的生产区和各种不必要的刺激，如鞭炮、喇叭的响声，色彩鲜艳的物体在笼前晃动，垃圾燃烧产生的烟等都可以引起母狐受惊，一定要保持饲养环境的安静，给产仔母狐创造一个安静舒适的环境。以免造成母狐惊恐不安、食仔或泌乳量下降等现象。

七、仔蓝狐日常饲喂管理

仔狐指出生至断奶分窝的蓝狐。仔狐死亡率较高，出生 10 天内死亡率占蓝狐整个饲养时期的 10% ~ 30%，因此，降低幼仔死亡率是蓝狐养殖的重要环节。

1. 仔狐的生理特点

初生仔狐耳目关闭、无视觉和听觉、无牙齿。体长 8 ~ 12 厘米，平均体重 60 ~ 90 克，如果低于 60 克，则不易成活。全身长满深灰色、短而稀疏的胎毛，50 ~ 60 日龄时，胎毛生长停止。仔狐出生 14 ~ 16 天后才睁开眼睛，并陆续长出门齿和犬齿。初生仔狐体温调节机能还不健全，全靠保温好的窝箱以及母狐的照料而生存。仔狐出生后 20 天内，完全依靠母狐的乳汁生长，母狐泌乳量和乳汁品质直接关系到仔狐的生长发育和成活。哺乳期的仔狐生长发育较快，出生头 10 天的绝对生长平均值为 10 ~ 20 克/天，10 ~ 20 日龄为 23 ~ 25 克/天，仔狐在 20 ~ 25 日龄内完全可以靠母乳来满足其生长发育的需要，在此期间生长发育最快，平均日增重达到 36 克左右。25 日龄以后，采食量大增，而母狐的泌乳能力下降，一般仔狐到 40 ~ 45 日龄就要断乳。断乳太早或太晚都会影响仔狐的生长发育。哺乳期仔狐死亡率也比较高，通常有三个高峰：5 日龄内死亡率占哺乳期死亡率的 47%；5 ~ 10 日龄占总死亡率的 41%；10 ~ 15 日龄内，上述比例分别为 24% 和 21%；20 ~ 25 日龄则为 14% 和 12%。

2. 仔狐死亡原因

（1）母狐原因

母狐有恶癖，受到外界惊扰，产后缺水、微量元素缺乏等，发生吃仔现象。妊娠期饲养不良，营养缺乏，产后发生乳房炎等，母狐无乳，致使仔狐吮吸不到乳汁，造成仔狐体弱、发病或饿死。分娩过程母狐没咬开胎衣，导致仔狐窒息，产仔时间过长，或发生难产，仔狐吃不上奶，导致饿死。

（2）死胎、烂胎

母狐妊娠期饲喂发霉变质、营养不全价的饲料，维生素、微量元素缺乏，导致妊娠期胎儿发育中止，出现死胎。由于营养供给不足，母狐妊娠期发生疾病，或慢性中毒，引起仔狐发育受阻，产弱胎，造成早期死亡。

（3）饿死

初生仔狐唯一的食物是母狐乳汁，出生后 3 ~ 4 周时仔狐的发育及健康全靠母狐的乳量及质量。妊娠期和产仔、哺乳期日粮中蛋白质不足，会导致泌乳量下降。乳内脂肪不足可使母狐身体消瘦，因此也影响产乳。仔狐生长发育缓慢，抵抗力下降，易感染各种疾病。这样，仔狐若经常吃不到乳汁，或吃乳很少往往会饿死。

（4）冻死

产箱内缺乏垫草，封闭不严密，保温不佳，母狐分娩时间延长，母狐患病不护理仔狐，致使仔狐冻死。在笼网上产仔或仔狐掉落在地上时间过长，也可被冻死。

（5）红爪病

母狐在妊娠期维生素 C 供给不足，仔狐会发生红爪病，使吸乳能力降低而引起死亡。

3. 仔狐的饲养

在正常的饲养条件下，仔狐出生后 20 ~ 25 天内全靠母乳满足其全部营养的需要。随着母狐泌乳量逐渐减少以及仔狐的不断生长，母乳就不能满足仔狐的全部营养的需要。因此，要事先训练仔狐的采食能力。当仔狐长到 15 日龄时，仔狐开始练习吃食，常爬出窝箱，此时开始给仔狐补饲用肉糜、鱼糜、牛奶、鸡蛋和肝脏等优质、易消化的饲料组成的补饲料，要调制得稀一些，以便由仔狐采食。在 40 日龄左右可在食物里加一些谷物性饲料。从补饲时开始，在补饲料里加入胃蛋白酶、酵母等助消化的药物。补饲料制作一定要精细，不要有大块。

开始补饲时，往往由母狐带领仔狐同时采食。如果有个别仔狐不会吃，饲养员可将其嘴巴接触食物，或把饲料抹在仔狐嘴巴上训练它吃食，经过 3～4 次的训练，仔狐就能独立采食。从 30 日龄起，仔狐的采食量猛增，要根据仔狐的采食量增加补饲量。在饲喂母狐的时候给仔狐补饲最好，这时母、子可以分开喂，防止母狐抢食。

4. 仔狐的管理

（1）产后检查

产后检查是确保仔狐成活的重要手段，一般在产后 6～8 小时进行，母狐产后 6 小时左右排出油黑色胎衣便，标志产仔结束，可以进行检查。对仔狐的检查要选择天气暖和无风的时间进行。上午产的，午后检查，下午或夜间产的，第 2 天午前检查。

检查主要采用听和看来判断仔狐是否健康。听：听仔狐的叫声。健康仔狐叫声洪亮有力，持续时间短，这种情况不必开箱查看。若听到嘶哑无力的叫声或母狐食欲差、稀便、频频出入产箱时，应及时开箱查看，检查内容包括母狐是否将胎衣吃掉，脐带是否已咬断，有无脐带缠身现象，有无胎衣未剥开，母狐是否将乳房周围的毛拔掉，仔狐是否吃上初乳等。未断脐带的，用消毒的剪刀剪断脐带，脐带长短为 10 厘米；对脐带粘连的，轻轻剪开缠结部位，剪去过长的脐带。对乳房周围的毛没拔干净的母狐，及时人工将毛拔掉。吃上初乳的仔狐嘴巴黑，肚腹增大，集中母狐腹部；未吃上初乳的弱仔远离母狐，叫声无力，此时应尽快人工辅助强制其爬在母狐腹部吃上初乳，时间长会因饥饿和寒冷而死亡，对于产后死亡的仔狐一定要捡出，一定不要让母狐吃掉。母狐的母性极强，对周围环境警惕性很高，因此检查小仔时要轻快，要将母狐和仔狐分开后再检查仔狐。如因查看引起母狐惊恐不安、叼起仔狐乱走时，应将其哄入小室，关闭室门，一小时后就会安静。检查的内容还包括胎产仔数、成活数、健康状况和垫草等情况。健康仔狐抱成一团，拿在手中挣扎有力，发育匀称，身体温暖；若仔狐大小不一，东分西散，毛色较浅，绒毛潮湿，挣扎无力，腹部干瘪，叫声无力，则是体弱的狐。检查前先用窝里的垫草搓手后进行，检查时，动作要迅速、准确，不可惊动母狐，同时检查人员手上不能含有刺激性较强的异味，如汽油、酒精、香水或其他化妆品气味。以防母狐弃仔、叼仔或食仔。检查时，对母狐肌注 80 万国际单位青霉素 1 支，每只仔狐口服 1 滴庆大霉素。

产后护理是确保仔狐正常生长发育的重要手段，产后仔狐能吃足母乳是提高成活率的关键。经上述检查后，当遇有母狐母性不强，无乳或缺乳，母狐乳量充足但产仔超过 13 只、乳量不充足产仔 10 只以上的均需进行代养，以尽量增加幼仔的成活数。

（2）仔狐代养

代养的母狐选择产仔日期不超过 3 天，仔狐数量少、母乳充足、母性强、性情温顺的母狐。代养前，将母狐引出产箱，用其窝内垫草、毛或尿液在需代养仔狐身上擦抹一下，然后将仔狐放在产室门口，让母狐自己将被代养仔狐叼入产室和原窝仔狐放在一起，若发现母狐叼或咬代养仔狐，则需另找代养母狐。如果没有合适的母狐代养，则对仔狐进行人工代养，先使仔狐采食至少一天的初乳，然后用滴管或犬猫宠物奶瓶，饲喂消毒过的牛羊奶粉或宠物犬奶粉，按 1∶7 与水稀释，温度控制在 40℃左右，每次饲喂 1.5 ~ 3 毫升，每 4 小时饲喂 1 次，每次喂前先用手指或棉签刺激仔狐会阴部使其排出粪尿。饲喂量随采食量增加而增加。

（3）值班制度

产仔期间，昼夜要设专人值班，值班人员每 2 小时巡察 1 次，一旦发现笼网上或地上有新生仔狐，用母狐的粪尿或垫草抹擦双手，将其送入产箱内。

（4）保持产箱卫生

仔狐在开始采食以前，母狐有吃仔狐粪便的习惯。但仔狐开始采食后，母狐就不再吃其粪便了。所以从这时起，每天要清扫一次产箱，将产箱内剩余饲料、仔狐粪便及污染垫草清除干净，以保持箱内卫生。

（5）断奶分窝

仔狐断奶分窝的时间为 45 日龄，断奶分窝前，根据仔狐的数量准备好笼舍和食具等设备，严格进行清洗和消毒。断奶分窝可分为一次性断乳和分批断乳两种，将发育良好、均匀一致的仔狐，于 45 日龄左右一次性断奶分窝；发育不均匀的同窝仔狐分批断奶，把发育好、体重大的仔狐先断奶分窝，体差弱小的后分窝。分窝后 2 ~ 3 只仔狐同笼饲喂，记录系谱。分窝时，用阿苯达唑和伊维菌素等广谱驱虫药驱虫。

八、种狐恢复期饲养管理

种狐恢复期是指公狐从配种结束到性器官再次发育这段时间，从 4 月下旬到 9 月中旬；母狐从断奶分窝到性器官再次发育，从 6 月到 9 月。种狐经过繁殖季节的体质消耗，体况较瘦，体重处于全群最低水平。

1. 恢复期生理特点

种狐恢复期除了性器官的变化外，另一个生理特点是开始脱掉冬毛，换成稀疏暗淡的夏毛，并逐渐构成致密的冬季毛绒，到秋季冬毛生长迅速。

2. 恢复期的饲养

为促进种狐的体况恢复，以利翌年生产，在种狐的恢复期初期，不要急于更换饲料。公狐在配种结束后、母狐在断乳分窝后的 20 天内，应继续给予配种期和产仔泌乳期的标准日粮，因为公狐经过一个多月的配种，体力消耗很大，体重普通下降，母狐由于产仔和泌乳，体力和营养消耗比公狐更为严重，变得极为消瘦。为了使其尽快恢复体况，不影响来年的正常繁殖，配种结束后的公狐，应该和哺乳母狐日粮相同，经 15～20 天后，再改换日粮。断奶后的母狐，有时食欲不振，又易得病，应供给优质饲料，并补加足够的维生素和其他营养物质，待食欲和体况基本上恢复后，再转入维持期饲养。

生产中常遇到当年公狐配种能力很强，母狐繁殖力也高，但第二年的情况大不相同。表现为公狐配种晚，性欲差，交配次数少，精子密度小，精液品质不良；母狐发情晚，外阴部肿胀小，外阴部肿得不大就消退下去，在腹部摸母狐子宫颈，子宫颈发育很小，有的母狐子宫颈就像黄豆粒大小，繁殖力普遍下降等。这与维持期饲养水平过低，未能及时恢复体况有直接关系。如果维持期公母狐饲料正常，保证日粮标准水平，第二年公狐性欲旺盛，精液品质好，配种顺利；母狐发情也很好，阴门高度肿胀，阴门多呈圆形，外翻状态突出。这种体况好的母狐配上种，很少有空怀的。因此，公狐配种结束，母狐断乳后的头 2～3 周饲养极为重要。

生产性能较好的种狐一般 7~8 月体重最轻，而到 12 月底又增重到 7~8 月最低体重水平的 140%~150%。要特别注意种狐要常年每日喂食 2 次，有的新养殖的场在冬季公母种狐每天只喂一次。喂一次的公狐性欲低，精液少且精子活力差；母狐发情慢、发情晚。

夏季或初秋过量饲喂蛋白质，会促使绒毛的早期发育，但对针毛生长极为不利。蛋白质在 10 月中旬开始增加有利于绒毛的生长。由于针毛仅占总毛被的 10%，而且在初秋针毛总是在绒毛生长之前开始生长，因此，不需要大量的蛋白质，在 10~11月，高蛋白日粮促进优质绒毛的生长，并会使针毛继续生长。毛皮生长期蛋白质 27%，脂肪 8%~10%，碳水化合物 50%~55%（占干物质的%）为宜。

3. 恢复期的管理

种狐恢复期历经时间较长，气温差别悬殊，管理上应根据不同时间的生理特点和气候特点，认真做好管理工作。

（1）加强卫生防疫

炎热的夏秋季节，各种饲料应妥善保管，严防腐败变质。饲料加工时必须清洗干净，各种用具要洗刷干净，并定期消毒，笼舍、地面要随时清扫或洗刷，不能积存粪便。

（2）保证供水

天气炎热要保证饮水供给，并定期饮用万分之一的高锰酸钾水溶液。

（3）防暑降温

狐的耐热性较强，但在异常炎热的夏秋时要防暑降温。除加强供水外，还要遮蔽笼舍阳光，防止阳光直射发生热射病。

（4）防寒保暖

在寒冷的地区，进入冬季后，就应给予足够的垫草，以防寒保暖。

（5）预防无意识的延长光照和缩短光照

养狐场严禁随意开灯或遮光，以避免因光周期的改变而影响狐的正常发情。

（6）搞好梳毛工作

当毛绒生长或成熟季节，如发现毛绒有缠结现象，应及时梳整，以坚守毛绒粘连而影响毛皮质量。

第五章　幼蓝狐快长新技术

幼狐育成期就是指幼狐脱离母狐的哺育，进入独立生活的体成熟阶段。此期是幼狐继续生长发育的关键时期，也是逐渐形成冬毛的阶段。可以说，最终幼狐体形的大小，毛皮质量的优劣，完全取决于育成期的饲养管理。

一、幼蓝狐的生长特点

仔狐出生后前 4 个月生长发育很快，1 月龄内平均日增重可达 20 克，2 月龄内约 30 克，3～4 月龄时其增重最快，日增重达 30～40 克，4 月龄后生长速度稍慢，随着日龄的增长，生长发育速度逐渐减慢，达到体成熟后，生长发育几乎停滞。从断乳到 9 月底，是幼狐的育成期，狐断乳后头 2 个月是生长发育最快的时期，此期间饲养的正确与否，对体型大小和皮张幅度影响很大。

幼狐在 4 月龄时开始换乳齿，这时有许多幼狐吃食不正常，为消除这些拒食现象，应检查幼狐口腔，对已活动尚未脱落的牙齿，同钳子夹出，使它很快恢复食欲。

断乳以后，幼狐进入育成期，其营养来源由原来依赖母乳供给转为从饲料中摄取，饲养条件起了很大变化，此时期断乳幼狐的适应能力还很弱，消化系统机能也不健全，因此，饲料标准要高，营养要全。同时在日粮中要添加 3% 的酵母粉或片，特别是动物饲料，在断乳后动物性饲料比例为 55%、玉米面 35%、豆饼 6%，各种添加剂如维生素 B_1、维生素 B_2、其他各种维生素、亚硒酸钠 E 粉、微量元素预混剂 1%。同时要注意供给新鲜易消化的饲料。

在哺乳期间，幼狐体长和体重外观看明显渐长。公狐比母狐生长快，随着月龄的增加，差异越来越显著。

根据幼狐的生长发育规律，在其生长发育最快阶段为 60 ~ 160 日龄，要给予丰富全价饲料，30 ~ 120 日龄的幼狐，日喂 4 次，4 小时喂 1 次，仔狐长的非常快。如果 6 个月后取皮，体重可达 17.5 千克以上，皮张可达 1 米以上。

二、影响幼蓝狐生长发育的因素

断乳后到 9 月底是幼狐育成期，断乳后头 2 个月是幼蓝狐生长发育最快的时期，此期间饲养的正确与否，对体型大小和皮张幅度影响很大。影响幼蓝狐生长发育的因素主要有以下几点。

1. 饲料的营养水平和饲喂量

育成期要保证供给幼狐生长发育及毛绒生长所需要的足够营养物质，根据幼狐的生长发育情况适时增加饲喂量，同时供给新鲜的优质饲料。如喂给质量低劣、不全价的日粮，能引起胃肠病，阻碍幼狐的发育和影响健康。

2. 饲养管理

狐皮张幅大小、毛线质量以及种狐的质量，很大程度取决于幼狐的饲养管理。要加强幼狐的饲养管理水平，根据幼狐在不同生长时期的发育特点采用不同的管理方法，育成前期注重饲料营养的供应与疾病的预防，育成后期注重毛绒的生长发育。

3. 环境卫生

环境卫生对幼狐的生长发育也有很大影响，在饲养管理过程中，尽量给幼狐创造舒适的生活环境，充分发挥遗传潜力，生产优质皮张。要搞好狐场内的清洁卫生，定期防疫，做好笼网、食具卫生，及时清除粪便，保持环境清洁。夏季要要做好防结降温工作、防止中暑，保持狐笼通风良好，应避免阳光直接照射。

三、幼蓝狐生长发育期的营养要求

根据幼狐的自身消化特点和生长发育，对蛋白质、脂肪、能量、氨基酸、维生素、矿物质、纤维素的需要相对严格。幼狐每天的代谢能不低于 2 700 千焦/天可消化蛋白为 35～45 克/天，饲粮中适宜的钙磷比为（1.5～1.7）：1，赖氨酸的需求量为 90 毫克/天，蛋氨酸为 30 毫克/天，饲粮中蛋白质能值占代谢能的 35%，脂肪占饲粮代谢能的 40%～50%，碳水化合物占代谢能的 25%。在保证饲粮的营养均衡和幼狐采食量前提下，幼狐才能健康快速生长。

育成狐的日粮必须供给维持和继续生长的能量需要。随着幼狐体重的增加，维持需要也稳步上升，直到 7 月龄止。育成狐进入 5 月龄时，对能量的需要有所下降。育成期幼狐代谢旺盛，饲料利用率高，对日粮要求营养全价、饲料品质好。同时，要防止幼狐营养缺乏性疾病的发生。育成期幼狐对无机盐、维生素需要量高，应在饲料中予以满足。

四、幼蓝狐生长期饲养管理要点

育成初期幼狐日粮不易掌握，幼狐大小不均，其食欲和喂饲量也不相同，应分别对待。一般在喂饲后 30～35 分钟捡盆，此时如果剩食，可能给量过大或日粮质量差，要找出原因，随时调整饲料量和饲料组成。日粮要随日龄增长而增加，一般不要限制饲料量，以喂饱又不剩食为原则。

1. 断奶分窝

仔狐 45 日龄可以断奶分窝，如果同窝仔狐发育均匀，可一次全部断乳。按性别每 2～3 只放在一个笼里饲养，到 80～90 日龄改为单笼饲养。同窝仔狐发育不均匀，可按体型大小、采食能力等情况分批断乳。将体质好、采食能力强的先行分窝，体小较弱的继续留给母狐抚养一段时间。

分窝之前，对幼狐笼舍进行一次全面的洗刷和消毒，在窝箱内铺絮少堡干燥的垫草，在分窝时应做好系谱登记工作。

仔狐刚分窝时，因消化机能不健全，经常出现消化不良现象，所以，在日粮中可适当增加酵母或乳酶生等助消化的药物。

2. 预防接种

狐的疫苗一般都在分窝后 2～3 周龄注射，可根据狐群的状况注射犬瘟热、狐脑炎、病毒性肠炎等疫苗，也可注射二联苗或多联苗。育成期幼狐从母体接受的免疫力逐渐减弱，机体免疫机能还不够完善，因此，要加强防疫工作，防止通过饲料和饮水传播疾病。食具要经常冲洗，不喂腐败变质的饲料，饮水要清洁卫生。

3. 防暑降温

狐育成期正处于盛夏，要注意防暑降温。如气温高，早饲要向前提，晚饲要拖后喂。天气炎热时，特别是 7～8 月，注意预防中暑，除加强供水外，还要将笼舍遮盖阳光，防止直射光。狐笼舍要有遮阳设备，一定要防止阳光直射在狐身上，保证自由饮水。若有条件，可洒水降温，这对低纬度的河北、山东以南地区尤为重要。

4. 做好选种和留种工作

挑选一部分育成狐留种，原则上要挑选早产（5 月 5 日前出生）、繁殖力高（产仔 8 只以上的）、毛色符合标准的后裔做预备种狐，挑选出来的预备种狐要单独组群，专人管理。

对于留种的幼狐，在其育成后期，饲料逐渐转为成年种狐的饲养标准，但饲料量要比其高 10%，并每只每克增加维生素 E 5 毫克，而不做种用的取皮狐，从 9 月初到取皮前，在日粮中适当增加合脂肪高和含硫氨基酸多的饲料，以利冬毛的生长。

五、幼蓝狐的饲料配制

饲粮是每只动物每天的饲粮构成，各种饲料原料通过合理搭配，共同组成日粮。科学地拟定日粮是标准化饲养的具体表现。蓝狐饲粮的拟定必须遵循以下原则。

1. 饲粮拟定原则

首先要重视幼狐的重要生理特点，饲粮拟定必须以动物性蛋白质饲料为主，并保证日粮全价性；充分利用当地的资源，力争多品种混合搭配，以提高适口性及混合饲料的营养价值。同时，应科学合理地降低饲养成本；拟定日粮时，要注意各种饲料理化性质，避免营养物质之间的互相拮抗或破坏作用；拟定新生产时期日粮时，要注意观察新日粮的饲喂效果，遇到问题时及时纠正。

2. 饲粮拟定方法

（1）热量配比拟定方法

热量配比法拟定饲粮，是以动物所需代谢能或总能为依据，搭配的饲料以发热量为计算单位，混合饲料所组成的日粮其能量和能量构成达到规定的饲养标准；对没有热量价值的饲料或热量价值很低的饲料（如添加剂和维生素饲料、微量元素、无机盐类饲料、水等）可忽略不计算热量，以千克体重或日粮所需计算。

（2）重量配比拟定方法

根据毛皮动物所处饲养时期和营养需要，先确定1只动物1天内需提供的混合饲料总量。结合本场饲料确定各种饲料所占重量百分比及其具体数量；核算可消化蛋白质的含量，必要时亦核算脂肪和碳水化合物的含量及热量，使日粮满足营养需要的要求。最后提出全群动物的各种饲料需要量及早、晚饲喂分配量，提出加工调制要求。

3. 哺乳期及断奶早期经验推荐配方

根据我国不同地区蓝狐在繁殖期内的配方的饲喂效果，筛选出不同地区的代表性配方，仅供参考。如表5-1所示。

表5-1 不同地区蓝狐的哺乳期及断奶早期饲料配方
（风干基础%）

山东		河北		天津		吉林	
饲料原料	用量	饲料原料	用量	饲料原料	用量	饲料原料	用量
膨化玉米	36.63	玉米	15	玉米	18.35	玉米	42
豆粕	9.00	血粉	1.85	豆粕	3.65	鸡腺胃	8
蛋白粉	10.35	蔬菜	17.28	麸皮	0.90	海杂鱼	14.6
胚芽粕	12.50	全脂奶粉	1.24	鱼粉	5.50	小红鱼	15.8
血粉	1	进口鱼粉	12.35	鸡肉	71.12	鸡肝	6
肉骨粉	6.50	肉骨粉	4.75	海杂鱼	0.00	鸡骨架	12
乳酪粉	1.34	毛鸡	18.53	鸡蛋	0.00	LYS	0.3

(续表)

山东		河北		天津		吉林	
饲料原料	用量	饲料原料	用量	饲料原料	用量	饲料原料	用量
鱼粉	17.00	鸭肝	9.25	添加剂	0.47	MET	0.3
豆油	4.18	鸭架	14.81	—		添加剂	1
食盐	0.30	鸡肺	4.94	—		—	—
磷酸氢钙	0.1	添加剂	0.5	—		—	—
预混料	1	—		—		—	—
合计	100		100		100		100

六、褪黑激素的使用

褪黑激素是由动物脑内松果腺体分泌的一种吲哚类激素，也称松果腺激素。1985 年首先在北美的毛皮养殖场应用，我国于1993 年初解决了国产化工原料人工合成褪黑素和制造褪黑素植入物的技术，1998 年后，褪黑素在我国东北地区毛皮养殖业中普遍应用。

在夏季长日照期使用外源性褪黑素，通过提高蓝狐体内褪黑激素水平，可模拟短日照作用，调节蓝狐生理机能，提高新陈代谢水平，促进营养吸收，加快生长速度，诱导蓝狐冬毛提前生长和成熟，成年的不做种用的的蓝狐成熟期可提前 3 个月左右，当年幼狐可提前 1 个月左右成熟，在 7~8 月，给当年取皮的蓝狐背部皮下包埋注射褪黑激素，可加速其生长、发育，体重增长得快，到 9 月底即可成熟取皮，有助于减少由于寒冷应激造成的动物体重减轻和毛皮损伤，从而节省饲料投入，降低饲养成本，而且换毛程度好，皮毛发亮。

1. 使用剂量

注射褪黑激素时要用专用包埋注射枪，又叫包埋枪。蓝狐每只注射 2 粒（20 毫克）。

2. 使用方法

使用时间成兽 6 月中旬为宜；仔兽不宜过早使用，晚些效果较好，一般 7 月 10 ~ 15 日为宜；留做种用的狐狸不使用褪黑激素。

3. 效果

成年狐其毛皮可以提前 30 ~ 70 天成熟，幼狐可以提前 15 ~ 30 天成熟，使用后 90 ~ 95 天取皮。

4. 注射后的管理

蓝狐注射褪黑激素后，要注意营养的搭配，加大饲料量，以利于褪黑激素作用的发挥，加速生长。对埋植褪黑激素的蓝狐，要加强卫生管理，经常诱导其运动；进行活体梳毛，清除缠结的夏毛，促进针毛生长。

5. 药品的保存

褪黑激素不能放在常温下保存，最适宜的温度是 4 ~ 8℃，在阴凉、避光的条件下可保存 2 年。

第六章　蓝狐冬毛期管理

一、蓝狐冬毛期特点与营养需要

进入9月，当年的幼兽身体开始由主要生长骨骼和内脏转为主要生长肌肉和沉积脂肪。随着秋分以后光照周期的快速缩短，蓝狐开始慢慢脱掉夏毛，长出浓密的冬毛，这一时间被称为冬毛期。狐的换毛是一个复杂的生理变化过程，从每年的9月中旬至11月下旬，约90天的时间才能完成被毛的脱换及冬毛生长发育成熟过程。养殖蓝狐主要目的就是为了获得优质毛皮，因此，冬毛期营养需求极为重要。

冬毛期蓝狐的蛋白水平较育成期略有降低，但新陈代谢水平仍较高，为满足肌肉等生长，蛋白质水平仍呈正平衡状态，继续沉积。同时，冬毛期正是狐毛皮快速生长时期，因此，此期日粮蛋白中一定要保证充足的构成毛绒的含硫必需氨基酸的供应，如蛋氨酸、胱氨酸和半胱氨酸等，但其他非必需氨基酸也不能短缺。冬毛期狐对脂肪的需求量也相对较高，首先起到沉积体脂的作用，其次，脂肪中的脂肪酸对增强毛绒灵活性和光泽度有很大的影响。同其他生理时期一样，冬毛期不仅要保证蛋白质与脂肪的需要量，其他各种维生素以及矿物质元素也是不可缺少的。

冬毛生长期，蓝狐机体除保持基础代谢营养物质外，还需要充足的营养供给新毛生长发育，根据这一营养需要的特点，该时期狐日粮蛋白水平不能低于30%，能量应达到13.38兆焦/千克以上，保证维持正常体温和生命活动。因为狐被毛的结构是通过含硫氨基酸的二硫键连接的，因此，日粮中需要添加蛋氨酸添加剂。冬季给狐适当的保温，可减少机体热能消耗，有利于冬毛生长和安全越冬，同时还可节省日粮用量，降低饲料成本。冬毛生长期日粮参考配方为海杂鱼或淡水小杂鱼 30%，动物副产品 25%，饼粕类 15%，玉米面 22%，小麦麸 7.45%，食盐 0.5%，复合维生素 0.02%，复合酶 0.03%。如果条件允许，还可上调动物性饲料的比例。投喂的饲料量以吃饱为度，不能在这一时期节省饲料，应尽量让狐多采食，尤其是当年出生的青年狐，必须给予充足的营养，促进快速生长和长冬毛。如果饲喂得当，青年狐每天可长 80~100 克以上，到冬季屠宰取皮前长得膘肥体大，被毛丰满，定能得到大尺码的优质狐皮。

取皮兽要增加补给动物油类，每只每天 25 克，留种公母兽不要补给油类。这段时间，狐的脂肪沉积较快，为冬季防寒做好准备，此期间在满足毛皮动物饲料中的蛋白质、氨基酸、维生素及矿物质需求量的同时，一定要保证添加剂种类齐全，同时必须保证能量饲料充足。

对埋植褪黑激素诱导皮张早熟的动物，每日喂食要吃多少喂多少。在埋植褪黑激素后的种兽应给予冬毛生长后期的饲料，才能有提早毛皮成熟的效果，狐貉貂冬毛期天气变冷，饮水量相对减少，但一定要保证充足饮水，缺水影响毛皮质量。喂后 2 小时给水，日给水 2 次即可。冬季可往笼内放冰块。

对种狐，在冬毛生长期同商品皮用狐一样进行饲养管理，喂一样的饲料，不同的是种狐须防止长得过于肥胖，到 11 月要调整体况，对长得偏肥的种狐减少饲料投喂量，增加运动量。到翌年在配种前，种狐的体况调至中上等水平即可。

二、蓝狐冬毛期饲养管理要点

冬毛期在掌握饲料营养全面的同时，管理工作也是不容忽视的，加强饲养管理工作，才能生产出皮张尺码大的优质皮张。

1. 把好饲料关，严禁喂腐败、变质饲料

冬毛期在保证饲料营养的基础上，质量一定要把好关，防止病从口入。此期禁止饲喂腐败变质的饲料，除海杂鱼外，其他鱼类及畜、禽内脏，特别是禽类肉及其副产品，都应煮熟后饲喂。食盆、场地和笼舍要注意定期消毒。

2. 饮水充足

狐毛绒生长期饮水缺乏，会使各种饲料不能充分利用，影响机体的代谢机能和毛绒生长。所以要不间断地供给清洁饮水，并注意及时更换新水。

3. 防止毛绒损坏

为使蓝狐安全越冬，从秋分开始换毛以后，就要在产箱内及时添加垫草，不仅能减少毛皮兽本身热量的消耗，节省饲料，防止感冒，而且还能起到梳毛、加快毛绒脱落的作用。注意给毛皮兽梳理毛绒，此期间由于毛绒大量脱落，加之饲喂时毛皮兽身上粘一些饲料，很容易造成毛绒缠结，若不及时梳理，就会影响毛皮质量。所以，此期间一定要搞好笼舍卫生，保持笼舍环境的洁净干燥，应及时检查并清理笼底和小室内的剩余饲料与粪便。及时维修笼舍，防止粘染毛绒或锐利物损伤毛绒。一些地域冬季气温相对较高，公兽笼内没设小室，为了避免寒流的突然袭击，应做好防寒设施，在舍棚两侧钉上防寒塑料布。在做好防寒工作的

同时，一定要保证兽舍通风良好。冬毛生长期，一定要注意经常观察蓝狐的换毛情况及冬毛长势，做到早发现、早采取措施。如发现其自咬，应根据自咬部位采取"套脖"或"戴箍嘴"的办法，以防破坏皮张，遇有毛绒缠结时应及时进行活体梳毛。

4. 疾病防治

这个阶段，成年狐已经具备了一定的免疫能力，除拉稀和感冒外，患其他疾病的概率比较低。若有拉稀还照常吃食，则可能是投食过量、食未熬熟或饲料变质，查找原因做相应调整后，加喂庆大霉素2支，一般2天后症状即可消失；拉稀不吃食。则采取肌内注射人用黄连素加病毒唑和安痛定，每天1次，3天后病症可痊愈。感冒则表现为突然剩食或不吃食，鼻头干燥，应即刻注射青霉素、安痛定、地塞米松各1支，每天2次，直到病兽恢复正常。此外，对于种兽，冬毛期正值种兽的准备配种期，为增加体质并促进其早日发情，饲料中蛋白质要比皮兽略高，即每418千焦（100千卡）饲料可消化蛋白质不低于 $8.5 \sim 9.5$ 克。按百分比计算日粮，动物性饲料不低于 $50\% \sim 55\%$。应喂一些饲料营养添加剂，如鱼肝油、维生素 B_1、复合维生素 B、维生素 C、维生素 E 等。

第七章　蓝狐皮的初加工技术

一、蓝狐皮的特点及取皮时间

1. 蓝狐皮的特点

蓝狐皮板轻便、毛绒丰厚、色泽美观和御寒性强等特点，已成为消费者青睐的主要毛皮之一。

2. 蓝狐取皮季节和毛皮成熟的鉴定

人工饲养的蓝狐，一般在"小雪"至"冬至"即11月下旬12月下旬为毛皮成熟期，成熟的毛皮毛绒整齐，有光泽，板质好。在毛皮成熟期间屠宰取皮最适宜。具体的屠宰时间，主要取决于毛皮的成熟程度。而毛皮的成熟程度受各地气候条件、各饲养场的饲料和饲养管理以及动物的健康情况、性别、年龄等条件的影响。因而，需要根据饲养狐毛被的生长情况和皮板色泽，来鉴定毛皮的成熟程度，从而决定屠宰时间。适时屠宰不仅仅为了获得优质的毛皮，也能够节省饲料，降低饲养成本。

取皮时应以个体的具体情况而定，成熟一只剥取一只，过早或过晚都会影响毛皮质量和经济价值。一般来说，成年狐比当年的幼狐成熟早些；雄狐早于雌狐；健康的要比过瘦或过肥、患病或营养不良的毛绒成熟早些。

在取皮时，除了掌握上述一般规律外，还要进行个体的毛皮成熟情况的鉴定。目前，我国各饲养场多采用观察活体毛绒的特征和屠宰观察皮板颜色相结合的方法，进行毛皮成熟鉴定。方法是：

（1）观察毛绒

观察活体毛绒时，毛皮成熟的蓝狐，全身夏毛已脱净，特别是臀部——狐毛绒秋季脱换的最后部位，也是毛绒最后成熟的区域，如果这个部位被毛已换好，说明毛被成熟。成熟的冬皮从外观看，底绒丰厚，针毛直立，毛绒柔软并富有光泽；尾毛蓬松；颈部和腹部的被毛在身体转弯时，出现一条条裂纹（俗称毛裂），颈部尤为显著，如图7-1。

图7-1 成熟蓝狐毛被的"裂缝"

（2）观察皮肤

将狐捉住，用嘴吹开毛绒，观察皮肤颜色。当皮肤为蓝色时，皮板为浅蓝色；当皮肤为浅蓝色或玫瑰色时，皮板是白色，皮板洁白是毛皮成熟的标志，如图7-2。

（3）试剥检查

在同一类的狐群中选出1~2只，进行试剥检查。冬毛成熟的狐皮，皮板呈乳白色，皮下组织松软，形成一定厚度的脂肪层，皮肤易于剥离，去油省力，仅爪尖和尾尖颜色略深，即可将此一类蓝狐整群处死剥皮。否则，毛皮尚未成熟。因此，蓝狐取

图7-2　吹开皮肤为浅蓝色

皮不可一刀切，而要根据个体成熟情况，成熟一批屠宰一批。如果蓝狐在取皮期毛被受损，如食毛、脱毛等，可等到下一个屠宰期再取皮。

在毛皮成熟鉴定时，一定要把握住毛绒成熟程度的分寸，否则将产生毛绒过成熟现象。这将使毛绒光泽减退，毛被的平齐度降低，影响毛皮质量。

二、蓝狐的处死方法

在剥皮之前要将蓝狐处死，处死蓝狐的方法很多，但在操作时应本着处死迅速、经济实用和不污染被毛为原则。则以药物处死法、心脏注射空气法和电击法等较为实用。

1. 药物处死法

一般常用肌肉松弛氯化琥珀胆碱处死。计量为每千克体重0.5～0.75毫克，皮下或肌内注射，如图7-3和图7-4。注射后3～5分钟即死亡。死亡前动物无痛苦，不挣扎，因此，不损伤和污染毛皮。残存在体内的药物无毒性，不影响尸体的利用。

图 7-3　药品配制

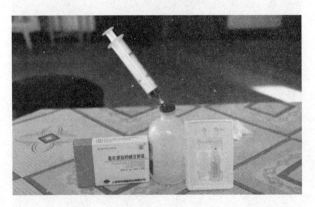

图 7-4　注射

2. 心脏注射空气处死法

一人用狐钳保定蓝狐，并按住前肢，另一人左手触摸蓝狐心脏位置，右手持注射器，在心脏跳动明显处针刺心脏，如见回血，即可注入空气 10~20 毫升，狐因心脏瓣膜损坏而迅速死亡。

3. 电击处死法

将连接220V火线的电击器金属棒两根电极分别插入蓝狐身体的不同各部位，接通电源，狐立即僵直。此法操作方便，处死迅速，对被毛没有损伤，是养殖户最常用的一种方法（图7-5）。

图7-5　电击处死

三、蓝狐的取皮技术

处死后的尸体，应置于洁净的盘中或木架上，切勿扔在地面上，以免污染毛皮；也不要将尸体堆积在一起，避免闷板脱毛。

一般在处死后，趁尸体还温热，尽快进行剥皮，僵硬或冷冻的尸体剥皮困难。剥皮时要求下刀准确，不要将皮板划破，一般剥成筒皮。剥皮先将蓝狐的后肢和尾部挑开剥离，然后从后向前继续剥离，最后剥离前肢、眼、耳、鼻、嘴，剥成一个完整的皮筒，筒皮要求皮形完整，保持动物的鼻、眼、口、耳、后肢、尾部完整无缺。具体操作过程如下。

1. 挑裆（图7－6）

　　用挑裆刀从一侧后肢掌心开始，沿股内侧长短毛交界处（不要剪开，以防断毛），向上挑至肛门前缘2厘米处；再从另一侧后肢掌心。用同法挑至两刀口会合。挑裆线要正，必须按照长短毛交界线挑，否则会皮张背腹两面不齐，影响毛皮长度和美观。

图7－6　挑裆

2. 挑尾

从尾尖开始，在尾的腹中线向上挑至肛门后缘。再从肛门后缘挑至与两后肢刀口会合，去掉后档的三角区毛皮。挑尾后用手或刀背剥离尾部皮肤，抽出尾骨（用力不要过猛，以防拉断尾巴）。

3. 剥离

先从两后肢用手或刀柄将皮与肉分离，剥至后肢掌心时用力拉皮，拉至能将爪翻过来为止，剪断趾骨，在皮内只留1或2个趾骨，爪尖要保持完整，然后将后肢挂在固定的钩上，将后肢和臀部皮翻过来向下拉至前肢，前肢也作筒状剥离，在腋部向前肢内侧挑开3~4厘米的开口，以便翻出前肢的爪和足垫、一般在前肢第二趾关节处剪断，并要注意保留爪尖完整。剥完前肢后，两手用力拉皮至头部，先切断耳根，再剥离双眼，切断鼻骨和口唇，即成一完整筒皮。剥皮时手劲要轻、匀，不要强拉硬扯，如遇不好剥离处，则用刀将其分离。用刀一定要小心，逐渐剥离，轻轻划断皮与肌肉、结缔组织的连接。当剥离到尿道口（公狐生殖器）时，可将尿道口靠近皮肤处剪断。要注意把眼皮、鼻子、上下唇都完好地留在皮张上，这样，才能得到完整无缺的皮筒。在剥离过程中，为防止血液、油污污染毛绒，则撒锯末或玉米芯粉。

四、蓝狐皮的初加工

为了使鲜皮达到商品规定的要求，必须进行正确及时地进行初加工。初加工包括刮油、洗皮和干燥等工序（图7-7至图7-10）。

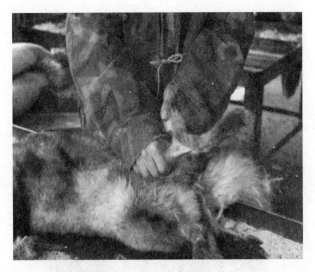

图 7-7 剥离后肢

图 7-8 抽尾骨

图 7 - 9　剥离躯干

图 7 - 10　剥离前肢

1. 刮油与修剪

　　鲜皮的皮板上附着油脂、血迹和残肉等，影响鞣制和染色，所以必须除掉，这就是刮油。刮油应在皮板干燥之前进行（干皮必须经过水充分浸后方可刮油）（图 7 - 11 至图 7 - 14）。

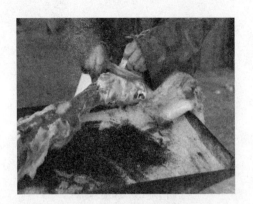

图 7 – 11　剥离耳根

图 7 – 12　剥离眼部

　　剥下的皮张应立即刮油，若放置过久，脂肪干燥则不易刮净。如不能立即刮油时，应将皮张翻至毛朝外放置，或置于低温处保存。刮油包括手工刮油和机械刮油两种。

　　（1）手工刮油

　　没有机械设备或非屠宰期少量死亡的狐狸，可用手工刮油。其具体方法是：将筒皮毛朝里套在刮油棒上，棒的一端（小头）固定。操作者右手持刮油刀，左手按住皮板，先刮尾部和后肢上

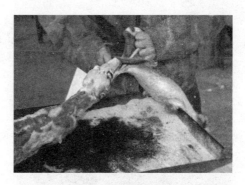

图 7 – 13　剥离鼻部

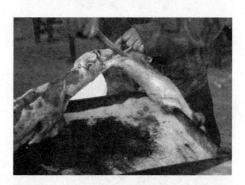

图 7 – 14　剥离嘴唇

的脂肪和结缔组织；然后由后（臀）向前（头）刮，一直到耳根为止。为防止脂肪污染毛绒，应边刮油边用锯末搓洗皮板和手指。刮油的方向不能反，否则易损伤毛囊。刮油用力要均匀，切勿过猛，避免刮伤毛囊和毛皮。公狐皮的腹部尿道口处和母狐皮的腹部乳头处较薄，刮到此处时要多加小心。皮板上的油脂必须刮干净，如刮的不净，上楦板干燥时，会出现浸油现象，轻者皮板变黄，肿着油脂浸入毛髓，影响毛绒色泽，同时在毛皮保存期也容易霉烂掉毛（图 7 – 15）。

图7-15 刮油去肉

（2）机械刮油

较大型的饲养场最好购置刮油机，以提高工作效率。机械刮油需由两人操作，一人刮油，另一人上皮。刮油人员站在刮油机左后侧，左手固定皮筒，右手握刀，从前向后刮，刮至后部时将刀离开皮张，转动一下皮筒，再从头部向后刮。严禁在一个部位刮两次。机械刮油时脂肪易溶化，污染毛皮，所以每刮一张皮，应用清洁毛巾或纸巾擦净滚筒，然后再套另一张狐皮。一般1～2分钟刮一张，比手工刮油提高效率约10倍（图7-16）。

刮过油的筒皮，其头部、尾部、四肢等部位的脂肪、筋膜和残肉不容易刮净，要专人用剪刀贴皮肤慢慢剪掉，此即为修剪。千万不要撕拉，防止真皮层受损而脱毛。

2. 洗皮

洗皮是用锯末搓洗，将皮张板面和毛面上的油脂和血迹等污物洗净。一般先搓洗皮板上的油，然后将皮筒翻过来，再用干净锯末洗毛被上的油和各种污物。洗的方法是：先逆毛搓洗，再顺毛洗，遇到血和油污要用锯末反复搓洗，直到洗净为止。最后抖

图 7 – 16　自动刮油机

掉毛皮上的锯末，使毛皮达到清洁、光亮、美观。切记勿用麸皮或松木锯末洗皮。

　　小型饲养场的少量皮张在洗皮台上用手工洗皮即可；大型饲养场洗皮数量多时，可采用转筒和转笼洗皮。其方法是先将皮张毛朝里放进装有锯末（半湿状）的转筒里，以每分钟 18～20 转的转速旋转 10 分钟后，将皮取出，翻转皮筒，使毛朝外再放入转筒里重新洗。最后，将洗好后的皮张再放进转笼中，甩净毛皮上的锯末（图 7 – 17，图 7 – 18）。

3. 上楦

　　洗好的狐皮必须及时上楦干燥。上楦干燥的目的是使原皮符合商品要求，防止干燥时收缩和折皱，以及出现发霉掉毛等现象。上楦前要按皮张的长度选定规格的楦板，然后按下列步骤操作。

　　（1）套皮

　　先用报纸包裹楦板，或用滑石粉擦拭楦板，将皮张毛朝外套入楦板，将头部及两耳拉正，两前腿自然下垂于胸前。

图 7 - 17 转鼓

图 7 - 18 转笼

（2）固定

①固定背面。将两耳拉平，拉长头部到最大限度，再拉臀部，长拉倒接近最高档尺寸，用 6 分寸小钉或图钉固定皮长，再

将尾拉至横宽，使尾长缩短 1/3，然后固定在楦板上。固定背面时，头部要摆正，使皮左右对称。

②固定尾部

两手按住尾部，从尾根开始横向抻展尾部皮板拉直展平后用图钉固定。

③固定腹面

腹部皮肤拉至与本部皮长平齐，展宽两后肢，平行靠紧，固定于楦板上。

固定皮张时，注意拉伸长度，不要为达高尺码，任意硬拉，避免造成毛绒空疏而使皮张降级等。

4. 干燥

干燥可分为一次性上楦干燥和二次性上楦干燥两种方法。一次性上楦干燥是将狐皮毛朝外固定在楦板上，进行一次性干燥，一次性上楦干燥要注意防止腋下、四肢等部位闷板脱毛。二次性上楦干燥是在第一次上楦时，毛朝里，待干燥到 6～7 成时，将皮筒卸下，再毛朝外第二次上楦，至全干为止。二次上楦的方法干燥快，比较安全，即使不用风干机，也不易闷板脱毛和腐烂变质。缺点是费工，而且干燥程度不易掌握，容易出现折板。

将上好楦板的皮张，移放在具有控温调湿设备的干燥室中。将每张上好楦板的毛皮分层放置在风干机的吹风烘干架上，并将气嘴插入皮张的嘴上，让干气流通过皮筒。在温度 20～25℃，相对湿度 55%～65%，每个气嘴吹出的空气为每分钟 0.29～0.36 立方米的条件下，狐皮 24～36 小时即可风干。

没有风干机时，采用因地制宜的烘干方法，自然干燥法可采用二次性上楦的方法，将狐皮置于温度 25～30℃ 的室内烘干架上让其自然干燥。如果用火炕、电暖气等升温，切记不要将皮张靠近热源，避免损坏毛皮。应设昼夜值班人员维持室内温度，经

图 7 - 19　风干机

2～3天后皮张即可干燥。当皮张的四肢、足垫、腋下等部位达到九成干时，要及时下楦。下楦过早，不易保持皮形，且易发霉、掉毛；下楦过晚、易撕裂皮张，造成下楦困难。从干燥室卸下的皮张还应在常温下吊起来，在室内继续干燥一段时间。皮张的干燥切忌在高温下烘烤或强烈日照射，更不能靠近强热源如火炉等，以免皮板胶化而影响鞣制和利用价值（图 7 - 19，图 7 - 20）。

5. 下楦和整理

皮张干燥好后可以下架并运到下楦间可下楦板。将皮张楦板下架下楦板时，首先把各部位图钉去净，然后将楦板往铺有橡胶的案面上磕碰，皮张脱落。或者将鼻尖用夹子夹住，两手握住楦板后端抽出楦板。下楦时不能用力过猛，以防把鼻端扯裂。

图7-20　风干室

一次上楦通过标准干燥室干燥的皮张，下楦后可以直接进行等级评价。二次上楦下的皮张易出皱褶，被毛不平顺，影响毛皮的美观。因此，干燥好的狐皮，再次用无脂锯末搓洗一次，先逆向（从后部向头部）搓洗，再顺毛搓洗。遇有血污、油污或毛缠结，须细心地用排针制做的针梳梳开，用清洁锯末反复搓洗，抖掉锯末，最后使整张狐皮蓬松、光亮、灵活美观，然后分级归类，再进行等级评价。

五、防腐的方法

经过初加工的狐皮如不能及时出售或加工成商品，那么就需要很好地进行防腐保管，即保证皮张的质量和商品价值，做好鲜皮的防腐工作。

造成皮张腐败的原因是细菌和酶的作用，而且常常是它们共同作用的结果。在狐狸的鲜皮上，常存在多种细菌。当温度在25~30℃，pH值为7.0左右时，细菌很快繁殖，鲜皮会出现细菌所致的腐败。另外，当pH值为4.0~4.5，温度为40℃左右时，酶的作用能引起皮张的自身发酵，使鲜皮质量受到损害。

　　根据鲜皮腐败的原因，通常采取以下防腐方法：干燥防腐法。此法实质是除去皮中的水分，使细菌无繁殖条件，从而达到防腐的目的。用这种方法干燥处理的皮张成为甜干皮或淡干皮。具体方法见"干燥上楦"。干燥好的狐皮要再一次用锯末清洗。也是先逆毛洗，再顺毛洗，通上缠结毛或大的油污等，要用排针做成的针梳梳开，并用新鲜锯末反复多次清洗，最后使整个皮张蓬松、光亮、灵活，给人以活皮感为准。也可用清洁毛巾擦拭毛面，直至光亮无污物为止。

　　场内技术人员对生产的毛皮应根据商品规格及毛皮质量（成熟程度、针绒完整性、有无残缺等）初步验等分级，然后分别用包装纸包装后装箱待售。箱的大小以皮长为限，严禁放到麻袋中。保管期间要严防虫害、鼠害。

六、狐皮质量检验方法

　　目前，验质工作的方法主要依据眼看、手摸、综合分析后确定等级。为统一检验标准，一般应在统一条件下检验，有条件的单位应建立检验室。检验室要求清洁卫生、不受自然光线干扰。检验室内设有检验台，与台面平行架设一组日光灯。如没有条件建立标准检验室，检验工作也应在柔和的光线下进行（图7-21）。

　　检验前先将银狐皮按公母分开。检验时依据毛绒品质、皮板颜色和伤残程度综合进行评定。

图 7 – 21　验皮案板及灯光

1. 鉴定毛绒的质量

（1）手摸

以一只手捏住狐皮头部，另一只手自颈部至尾部捋过，体察毛绒密度、针毛弹性、板质状况和伤残程度。

（2）抖皮

用手抖动皮张，使毛绒恢复自然状态。抖皮时，首先将皮张平放在检验台上，用一只手按住后臀部，另一只手的拇指和食指捏住吻鼻部，利用腕力将皮上下抖拍。抖拍时，捏吻鼻部的手不可用力过大，以防将皮扯破。抖拍的次数以毛绒恢复自然状态为止。

（3）眼看

观察毛绒的长度、密度、光泽、颜色，毛被是否整齐平顺以及有无塌陷及流针飞绒（毛被针毛脱落，绒毛浮起，一般为皮张刮油时用力过重而致毛囊破坏），掉毛和尾毛是否蓬松等特征。要特别检查冬毛最后成熟的部位、以判断皮张的生产季节。

（4）嘴吹

主要是检验毛绒的灵活程度，毛绒中有无伤残。同时进一步观察毛绒的长度和密度。一般只有当某个部位的毛绒出现可疑现象之后，才采用嘴吹的协助检验方法。

2. 鉴定皮板的质量

鉴定皮板品质的方法是，除在抖皮的同时直接感觉皮扳的厚薄、板质强弱以外，还要在检验毛绒之后，翻转验看皮板的颜色，主要是黑色素沉积情况，以确定皮张的生产季节。并要查看皮板的加工情况，特别是去脂和洗净程度，以及有无霉、虫蛀等。

（1）伤残检查

狐皮伤残检查是结合上述两项检查同时进行的。一般自然伤残多影响毛绒的品质，而人为伤残多表现在皮板上，因此在皮板检验时，要特别注意伤残检验。

（2）面积计算方法

狐皮面积的计算方法是：量出自耳根至尾根的长度，选腰部适当部位量出宽度，长宽相乘后再乘 2（筒皮）即为狐皮的顶积。目前，等内狐皮在面积上有具体要求，但面积在 0.22 平方米以上，毛足绒厚，板质良好，伤残不超过甲级皮规定者，可按特级皮掌握。过小的狐崽皮，则按等外皮处理。

七、各季节皮的质量特征

1. 冬皮

皮板细韧而洁白；被毛平齐，针毛挺拔，弹性好，色泽光润；绒毛细密灵活；尾毛长而蓬松。

2. 晚秋皮

后臀部皮板呈青灰色，其他部分白色，被毛平齐短，光泽较强，毛绒略欠灵活，颈部毛较空疏。

3. 秋皮

背部皮板呈青灰色且较厚，正处于冬毛生长阶段，针毛粗短，绒毛稀薄，通体被毛呈平伏状，颈背部毛绒尤空疏，尾毛短。

4. 早秋皮

皮板除腹部外通体黑色，较厚，被毛极短而空疏。

5. 早春皮

颈部皮板略红而厚，针毛长而略显弯曲，光泽较差，绒毛黏结，且部分脱落，被毛显黏乱。

6. 春皮

颈部皮板紫红色而厚硬，其他部分皮板红色而厚。冬毛已大量脱落，被毛黏结严重，无光泽。

八、狐皮的仓贮及运输

狐皮的生皮、半成品及成品都是价格昂贵的商品，由于其主要由蛋白质组成，因此，具有易腐性、吸水性和高温下变形性等特点，同时毛皮又是害虫、宫鼠的最好食物，直接影响狐皮的质量和使用价值。

1. 狐皮的仓贮

狐皮必须在清洁、通风、干燥、无虫鼠害的库房中储存。仓储温度 5～15℃，湿度以 50%～60% 为宜。温度过高，会引起生皮蛋白质变性及害虫滋生。湿度过大会使皮张吸潮而霉变；空气过于干燥会使皮板变得脆硬。

仓贮时，用细线绳穿过狐皮的眼孔，将若干张干皮串成一把，悬挂在支架上，各批之间留有空隙，以利通风。库房要保持清洁，喷洒或定置防虫、防鼠的药物。

2. 包装及运输

包装按皮张张幅大小，捆扎成若干张一捆。捆扎前要逐张将毛理顺，并均匀地撒上樟脑，装入内衬防潮纸的纸箱内，封箱前要填写装箱单，一式 3 份，一份放入箱内，一份贴在箱外，一份留底备查。装箱单需注明：箱号、品名、级别、尺码号和张数（图 7-22）。

运输过程中，应避免雨淋、潮湿、高温和火种。运输工具应清洁、干燥。

影响毛皮质量的因素很多，大体分为自然因素和人为因素两种情况。

（1）自然因素

自然因素是指性别、年龄、环境等对毛皮质量的影响的因素。一般情况下，同年龄的公狐皮比母狐皮张幅大，皮板厚。幼龄狐皮板薄，毛绒细短，色泽较浅；壮龄狐皮板毛绒丰足、色泽光润；老龄狐皮板厚硬毛色暗淡；2～3 岁龄的狐狸皮质量最佳。

环境对毛皮质量也有较明显的影响。产于寒冷地区的毛皮，毛绒丰厚，皮板较厚实；产于温暖地区的毛皮，毛绒短平，色泽较好，皮板较细薄。

图 7 - 22　包装

（2）人为因素

在人为因素中，饲养管理不当对毛皮影响较大。营养好的，毛皮结实而滑润，毛色有光泽；营养差的，皮质粗糙瘦薄，毛色干燥无光泽。如日粮中缺乏蛋氨酸、胱氨酸等，将会出现毛皮发育不良，毛纤维强度明显下降；缺乏亚麻油酸和矿物质等，导致毛绒纤维发育不良，使被毛褪色、脆弱等。

蓝狐在不同的季节，被毛的生长状况、成熟程度和皮板的组织构成状况有很大的差别。因此，在不同季节屠宰，对毛皮的质量有一定的影响。要想得到高质量的皮张，必须在毛皮成熟的季节宰杀取皮。其一般规律是：冬皮最好，春皮（脱毛之前）次之，秋皮较差，夏皮最差。

正确的初加工，可以有效地保证毛皮应有的质量，甚至能增加外观美。若加工不当，则降低毛皮质量，如剥皮时出现刀洞、缺损、撕伤等。另外，晾晒方法不当，也容易造成脏板、浸油、贴板、掉尾、焦板、皱板和霉板掉毛等质量缺陷。

　　保管不当也会影响毛皮的质量。如皮张在长期保管过程中，因库房漏雨湿度大，造成皮张霉变腐烂或虫蚀而掉毛；或因鼠害而造成伤残等，都严重影响毛皮的质量。

第八章　蓝狐常见病诊治

一、综合防治措施

狐狸等毛皮动物，作为经济动物其饲养管理极为关键，直接影响经济效益。所以养狐场制定有效的卫生与防疫措施，减少或杜绝狐狸发病，对于提高狐皮质量和经济效益意义重大，因此，在日常的饲养管理中，必须坚持"防重于治"的原则。

1. 加强卫生管理

从外地购入饲料时，要进行检验。要求无病原污染、品质良好、无毒物混入。一般先购入少量试喂观察后再考虑大群投给，以防引起疾病。绝对禁止从疫区采购饲料，尤其是犬温热、巴氏杆菌病等传染病疫区。有不少传染病是家畜和狐狸共患疫病，如果狐狸吃了患病家畜产品制成的肉类饲料，则会引起疫病发生。

禁喂霉烂变质饲料，不新鲜、变质的饲料不能饲喂，实践证明，狐狸吃了腐烂变质的饲料，轻则厌食、拒食、感染疾病，重则造成死亡。发现变质饲料，应立即剔除。必须对每批饲料进行检疫后方能应用。除非确认为新鲜卫生的肉类和海鱼类饲料可以生喂外，一般饲料都要进行蒸煮后熟喂。清除饲料中的有害物质，鱼、肉类饲料在加工前要清除杂质，如泥沙、变质的脂肪等，然后用清水充分清洗方可进一步加工和利用，这既有利于采食，又可防止疾病发生。

干料或干配合饲料要求袋装，摆放在阴凉、通风的仓库内，存放在高出地面 20～50 厘米的台架上，室温在 0～5℃，超过 20℃时保质期明显缩短。要在空气相对湿度 65%以下的仓库内贮存。要求达到干料或干配合料含水量在 12%～14%，吸潮霉变的饲料不能利用。

鲜湿料或鲜配合料应贮存在 0℃以下的冷藏间内，24～48 小时用完。长期贮存应在 -23～-18℃的冷库中。若库温在 -15℃以下时，保质期明显缩短，液状鲜配合饲料不易保存，尽量在饲料到场后 24 小时内用完。新鲜果蔬类饲料含水量大，应单层平铺，置于通风阴凉处，随用随取，若成堆放置易腐败变质，不能饲用。

饲喂用具应经常消毒，喂狐用的食具如食盒盆、食桶等要坚持每顿清洗，定期蒸煮消毒或用热碱水浸洗后用水冲净。每次喂食后都要清洗食槽，夏季每隔 3 天用 3%高锰酸钾溶液消毒食槽 1 次，然后用清水洗净。

饮水要清洁无污染，要严格加强水源管理，不要混入污水和有害物质。严禁给狐饮用死水、污染水，这类水是肠道传染病和中毒性疾病发病的重要原因。最好用自来水或消毒处理的水，无自来水的地方可用泉水或井水。饮水供给不能间断。要勤给勤换，不洁水应及时更换。饮水器具要经常冲洗、消毒，防止霉菌滋生。

饲料加工室的卫生防疫非常重要，加工室地面和墙壁最好用水泥抹制，以便天天消毒洗刷。加工饲料用的绞肉机、搅拌机和食槽等用具，要坚持每次使用后彻底清洗和定期消毒。按操作规程进行饲料加工和调制，以确保饲料营养不被破坏。肉、鱼类饲料要去掉大块的脂肪；淡水鱼或痘猪肉、禽蛋、畜禽副产品等一定要熟制后饲喂；乳类要加热至 70～80℃保持 15 分钟，晾凉后饲喂；奶粉要对 7～8 倍水饲喂；果蔬类饲料去掉泥土和腐烂部位，用水洗净后生喂；谷物类饲料要粉碎后熟喂；食盐要加水溶解成盐水后利用。饲料要求调制速度快，尽量缩短加工时间，添加饲料应在喂前加入，混拌均匀，防止加工后的饲料长时间存放变质或营养成分被破坏。温差大的饲料要分别存放，从冷库出库的饲料在室温条件下存放时间不要超过 24 小时。

狐笼底的粪便要天天清扫，地面用 3% 漂白粉溶液或 5% 来苏儿溶液或白灰适量来消毒，平时每隔 10 天消毒 1 次。粪便应堆积到指定地点进行生物发酵。寒冷季节，狐狸产仔箱室内的垫草要勤换，垫草用于防寒保温，必须柔软、干燥、无污染、无霉烂。

2. 创造良好的环境

选择场址应符合防疫要求，狐舍要远离公路和居民住宅区 500 米以上，狐笼应向阳安放，场内布局要合理；养狐区与后勤生活区要分开；给狐狸创造良好的生存环境，要冬暖夏凉，周围安静，少噪声；兽场大门、主要通道口、兽医防疫室、毛皮加工室、饲料加工室、仓库等出入口要设生石灰粉或来苏儿消毒槽等，人员出入要消毒。消毒池内消毒液应保持有效浓度，可用生石灰或 2%～3% 的氢氧化钠液消毒，并要经常更换消毒液。

狐场应严防犬、猫、鸡等动物窜入，同时应注意灭鼠。严禁在狐场内屠宰和剖检病狐尸体，更不准随意乱扔，病死狐应深埋或焚烧。从外地引种时，一定检查狐是否有病，要请兽医部门检疫。为防止带入传染病源，进场前必须隔离观察 1 个月左右，疫苗接种、严格检疫后，进行观察确认无病后再进场饲养，在此期间必要时要进行免疫注射，证明健康后方能合群饲养。死兽及剖检场地要严格消毒。特殊病致死的狐要焚毁。

3. 防疫措施

要切断一切传染途径。平时禁止非工作人员、其他动物或禽类等进入养狐场，或多种动物混养在同一场内，其他动物不能和狐狸混养在一个场内，以防相互传染。严禁疫区人员和动物进场，一般生产区不允许参观。

要加强狐的程序化预防接种。一是定期化预防接种，即在疫病未发生前的预定时间，定期有计划地给健康动物进行免疫接种，是预防疫病的有效措施。其通常采用疫苗、类毒素等生物制剂，使狐自动免疫。主要接种的疫苗有犬瘟热弱毒疫苗、病毒性肠类灭活疫苗、狐脑炎弱毒疫苗、加德纳氏菌灭活疫苗、狐铜绿假单胞多价灭活疫苗、巴氏杆菌多价灭活疫苗等。一定要选择具有资质的国家承认（有国家级批准文号的）的厂家所生产的合格品。按规程保存、运输和使用疫苗，单苗效果好，尽量不用联苗。一些危害较大的传染病如犬瘟热、病毒性肠炎等都应每年进行接种。免疫后的动物可获得数月至 1 年以上的免疫力。调进调出种狐时，为避免运输途中或到达目的地后暴发某些传染病，可采取免疫预防。养殖场（户）要制定每年的防疫计划。每年要进行 2 次疫苗接种（12 月留种时，7 月子兽分窝离奶 2 周后），如犬瘟热疫苗、病毒性肠炎疫苗接种。仔狐原则上离乳分窝后 2～3 周母体抗原消失后接种疫苗为宜。二是不定期预防接种，指对定期预防接种被遗漏的新引进狐或新生幼狐离乳分窝刚到 2 周的预防补注疫苗。三是紧急预防接种，是在已经发生疫情的地区，对尚未发病但已受到威胁的狐进行的接种。紧急接种是为了迅速扑灭疫病的流行而对尚未发病的兽群进行的临时性免疫接种，其可直接使用免疫血清，也可采用疫苗免疫。

药物预防。饲料中加入一些药物能有效地预防某些疫病的发生。药物对某些细菌性传染病有一定的预防效果，最好定期或不定期给药，应交叉使用抗生素、磺胺类、呋喃类药物。如每周每只在饲料中喂给土霉素 1 粒，不但能防止饲料酸败，还可预防肠道疾病的发生。

定期消毒。消毒是预防或消灭传染病的重要措施之一。因此，饲养场每月都要用百毒杀或过氧乙酸对全场进行喷洒预防消毒，以控制疫病的发生。

4. 疫病的控制

狐场一旦发生疫情，首先必须迅速做出初步诊断，尽早确诊，尽早治疗。因各养狐场很少有实验室诊断条件，如果只靠送检病料等待化验结果，必将失去宝贵时间。因此尽快确诊的首选方法就是临床认症并结合剖检作出判断。当发生犬瘟热、细小病毒性肠炎病、肝炎等传染病时，不仅要及时上报疫情，而且要通知邻近养狐场及早防治。

在未作出确切诊断之前，首先应对病狐停留过的地方和污染过的环境、用具等进行消毒，狐尸体则应由专业人员剖检、化验、深埋或焚烧。当确认发生传染病时，应及时进行全群检疫（测温、临床检查、送检作血清检测等），以查明疫病的性质和感染程度。

当大批检疫时，一定要遵守检疫技术操作规程，检疫人员的白大衣、鞋帽和检疫器材等，在检疫前后均应彻底消毒。一经认定暴发了犬瘟热、病毒性肠炎等传染病时，必须立即封锁疫区（设立明显疫区标志，禁止易感动物通过封锁区），必须通过的车辆、人员和易感动物，则应消毒检疫。要根据检疫结果，将被检狐分为病狐、可疑感染狐和假定健康狐3类，并分别隔离处理，把疫病控制在封锁区，以便消除传染源，切断流行过程。

对于病狐，这是最危险的传染源，应选择不易传播病原体又便于消毒处理的地方隔离，应在彻底消毒情况下移入隔离区，要有专人饲养，严加护理治疗，不需逃离出隔离场所。如病狐数量大，可集中隔离在原来的狐笼内严加管理。对早期感染、有明显临床症状的病狐可选用高免血清进行特异性治疗，待康复半月后再进行疫苗接种。对病情较重，尤其没有食欲的病狐，应进行综合治疗，一般采取强心补液、解毒利尿、抗菌消炎等综合办法。对重症无治疗价值、危害性大的病狐，要果断扑杀并深埋或焚烧。有些病愈狐在一定时期内仍然带菌（毒），因此，对这些狐应限制其活动范围，尤其不能将它们调到安全区内。

可疑感染狐是指未发现任何临床症状，但与病狐及污染的环境有过接触并有排菌（毒）的危险的狐，应在消毒后另地看管，限制其活动范围，详加观察，出现症状的则按病狐处理。对可疑感染狐首先是尽快选择可用于紧急接种的疫苗。接种疫苗时应以超出正常剂量的1/3为宜；必要时也可先注射高免血清，在康复半月后，再进行预防接种。1~2周后不发病者，可取消限制。

假定健康狐主要指既无任何症状又与患病狐没有接触过，但与患病狐笼相邻的狐。此狐应与前两者分开饲养，除严加管理外，关键是立即进行紧急预防接种。如暂无疫苗预防，必要时可划分小群，转移至安全地区饲养。

当暴发某些传染病时，除严格隔离病狐之外，还应划区封锁。采取"早、快、严、小"的原则，即封锁应在流行早期，行动要果断迅速，封锁要严密，范围不宜过大。在封锁区边缘设立明显标志，禁止易感动物通过封锁线；在必要的交通口设立检疫消毒站，对必须进出的车辆、人和非易感兽禽进行消毒。在封锁区对病狐进行治疗、扑杀等处理，彻底消毒被污染的饲料、场地、圈舍、用具及粪便等；病死的狐尸体应焚毁，禁止从疫区输出动物和物品；对疫区和受威胁区内易感动物及时作预防接种，建立防疫带；在最后1只病狐痊愈、急宰和扑杀后，经过一定封锁期（一般为15天）再无疫病发生时，经全面地终末消毒后解除封锁。

发生疫情后，采取适当的治疗方法是控制传染病的方法之一，同时可以减少因动物死亡所造成的经济损失。一些细菌性疾病、寄生虫病可通过有效地药物治愈。病毒性疾病无特效药，发病时用药主要是防止患病狐的继发感染。

二、狐场的消毒

消毒是把病原体从饲养狐的周围环境中彻底消除的员根本措施，是在病原微生物侵入狐体之前，在体外将其杀死，以切断传播途径。

1. 消毒的分类

根据消毒的目的，可分为以下两类。

（1）预防性消毒

预防性消毒是指尚未发生疫病时，结合平时的饲养管理对可能受病原体污染的狐舍场地、用具、饮水等进行的消毒。预防性消毒的内容广泛，消毒的对象多种多样，如狐场出人口的人和车辆通过的消毒设施，笼舍的消毒以及饲养用具的清洗和消毒。

（2）疫源地消毒

疫源地消毒是指对当时存在或曾经发生过度病的疫区进行的消毒，其目的是杀灭由传染原排出的病原体。消毒对象是病狐或带菌狐的排泄物，以及被它们污染的笼具、用具和物品等，其特点是需要多次反复地进行消毒；终末消毒是指被烈性传染病感染的狐群，经过一段时间后，全部病狐都已处理完毕，这时对狐场的内外环境和一切用具应进行彻底的清扫与消毒。

2. 消毒的方法

狐场的笼具、用具和环境的消毒，常用以下 3 种方法。

（1）喷洒消毒

即将消毒药配制成一定浓度的溶液，用喷雾器等对需要消毒的地方进行喷洒消毒。此法简便易行，大部分化学消毒剂都适用于此法。消毒药液的浓度，可参看捎毒药的说明书配制，不同成分的消毒液要交替使用，以免产生耐药性。

（2）火焰消毒

使用特制的火焰喷射消毒器。因喷射的火焰具有较高的温度，能立即杀死一切细菌、病毒、寄生虫虫卵和爬行昆虫。常用于金属笼具、水泥地面、砖墙的消毒。此法的优点在于方便、快速、高效，但不能消毒木质、塑料等易燃烧物质。消毒时应有一定的顺序，避免遗漏。

（3）煮沸消毒

饲料加工用具和食具每日都接触饲料，常残留部分饲料，成为微生物繁殖场所。因此，每日每次用完后要彻底冲洗干净，每周定期煮沸消毒一次。如发生疫情，每次都要煮沸消毒。

3. 环境消毒药的选择

环境消毒药指在短时间内迅速杀灭周围环境中的病原微生物的药物。理想的消毒药应具备的条件是：杀菌性能强，低浓度时就能杀死病原微生物，且作用迅速，对人及畜禽无毒害作用；价格低廉易购买，性质稳定，无臭味，可溶于水，对金属、本质、塑料制品等没有损坏作用；无易燃性和爆炸性等。常用的消毒药有火碱、生石灰、高锰酸钾、甲醛以及市售的杀菌、杀病毒的消毒药，养殖场可根据本场的实际情况选择用药。

4. 消毒时的注意事项

第一，狐舍大消毒应将舍内的狐狸全部清出后才能进行。

第二，机械清扫是搞好消毒工作的前提。研究表明，用清扫的方法，可使狐舍内的细菌量减少20%左右；如果清扫后再用清水冲洗，则狐舍内的细菌数能再减少50%～60%。清扫冲洗后再用消毒药液喷雾，狐舍内的细菌数可减少90%以上，这样才能达到消毒的要求。

第三，影响消毒药作用的因素很多，一般来讲，消毒药的温度、浓度及作用时间与消毒效果呈正比，即消毒药的浓度越大，温度越高，作用时间越长，其消毒效果越好。

第四，有些消毒药具有挥发性气味，如福尔马林、来苏尔等。有些消毒药对人及狐的皮肤有刺激性，如氢氧化钠等，因此消毒后不能立即进狐，应晾晒一段时间之后才能使用。

第五，几种消毒药不能混合使用，避免影响药效。但对同一消毒对象，将几种稍毒药先后交替使用，能提高消毒效果。

第六，每种消毒药的消毒方法和浓度应按说明书的要求使用，对于某些有挥发性的消毒药，应注意其保存方法是否适当，保存期是否已超过，否则将影响消毒效果。

三、预防接种与疫苗

传染病是所有病中最重要的一类。到目前为止，许多传染病尚无有效的治疗药物，而一部分疾病却已有了较好的预防疫苗。因此，在整个饲养管理过程中，除做好日常卫生工作外，还应制订和实施一个科学的免疫程序。

疫苗是一种特殊的生物制品，能使狐群产生对某一种传染病产生抗体，从而预防该病的发生。

1. 疫苗的种类

疫苗的种类很多，按毒株的强弱可分为弱毒苗和强毒苗；按剂型可分为活苗和死苗；按制作方法又可分为冻干苗、液体苗、干粉苗、油剂苗、组织苗和佐剂苗等。疫苗接种的方法和途径也是多种多样的，有的疫苗需接种给种狐，为的是提高母源抗体水平，使其下一代在一定期间内具有被动免疫力，有的疫苗用于新生狐接种。接种后经一定的时间可获得数月至一年以上的免疫力。因此，搞好免疫接种是确保狐群健康，提高狐群成活率的一项重要的举措。

2. 疫苗使用的注意事项

（1）生化制品怕热

特别是活疫苗必须低温冷藏，防止保存温度忽高忽低。运输时要有冷藏设备，使用时不可将疫苗靠近高温或在阳光下暴晒。

（2）使用前要逐瓶检查

注意苗瓶的封口是否严密，有无破损，瓶签上有关疫苗的名称、有效日期、剂量等是否清楚。用后要记下疫苗的批号、检验号和生产厂家，若出现疫苗的质量问题便于追查。

（3）注意消毒

生化药品使用的器具，如注射器、针头、稀释液瓶等，都要事先洗净，并经煮沸消毒后方可使用。针头要做到注射一只换一个，切勿用一个针头注射到底，吸取苗液时，若一次不能用完，不要拔出疫苗瓶上的针头，以便于继续吸取，避免污染瓶内的疫苗。

（4）稀释疫苗

需稀释后使用的疫苗要根据每瓶规定的头份用稀释液进行稀释，要求稀释液无异物杂质，并在冷暗处存放。已经打开瓶塞的疫苗或稀释液，须当天使用完，若用不完则应废弃。

（5）执行正确的免疫程序

预防不同的传染病，应使用不同的疫苗，即使预防同一种传染病，也要根据具体情况选用不同毒株或类型的疫苗。同时要了解本地传染病流行的情况，以便有的放矢地使用疫苗。饲养狐必须在健康状态下接种疫苗才能发挥作用，正在发病或不健康的狐不宜接种疫苗。

（6）紧急接种

如狐群中发现急性传染病，可进行紧急预防接种，但已经发病的狐禁止使用疫苗。

（7）较少应激

免疫接种后要搞好饲养管理减少应激，因为一般于接种后5~14天才能使机体产生一定的免疫力，在这段期间要注意饲喂全价饲料，防止病原入侵，减少应激因素（如寒冷、闷热、通风不良等），使机体产生足够的免疫力。

3. 免疫程序

养狐场根据当地的疫情流行情况及狐的抗体水平等实际情况制订免疫程序。免疫程序的内容包括疫苗的选择、接种途径、接种时间、接种次数和接种方法等。各地养狐场对狐群的免疫接种程序不同。一段每年春天配种前，即12月末至翌年1月上旬，必须完成对种狐的主要传染病疫苗的接种工作。7月中旬要对新生幼狐和种狐再次接种，这样才能避免恶性传染病的发生。幼狐应在分窝后3周时注射疫苗，切不可断乳后就注射，因为此时幼狐体内尚存在母源抗体，会中和体外注射的抗原，导致免疫的失败。目前，养狐场接种的疫苗主要有以下3种，免疫程序分别如下。

（1）大瘟热的免疫程序

该疫苗一般于接种后7~15天产生抗体，30天后免疫率达到90%~100%，免疫期为5个月。免疫方式为肌内注射，免疫量为幼狐2~3毫升，成年狐4毫升。妊娠狐亦可接种，无不良后果。由于该疫苗是冷冻活苗，运治时尽量防止溶化。溶化后的疫苗必须在24小时内用完，过期失效。

（2）病毒性肠炎的免疫程序

为预防病毒性肠炎的发生，养狐场每年应预防按种病毒性肠炎疫苗 2 次，即对分窝后的仔狐和种狐在 7 月和 12 月（或翌年 1 月初）注射。免疫方式为肌内注射。该疫苗也可在狐场已确诊有病毒性肠炎病狐时，作紧急抢救性接种。

（3）狐脑炎的免疫程序

养狐场为预防狐脑炎病的发生，一般每半年注射一次狐脑炎疫苗，每次注射浓缩苗 1 毫升。

（4）狐阴道加德纳氏病疫苗的免疫程序

该疫苗为铝胶灭活疫苗，能有效预防蓝狐的加德纳氏病，保护率为 92%，免疫期为 6 个月，每年注射 2 次，可有效预防本病。初次使用这种疫苗前，最好进行全群检疫，对检疫阴性的狐立即接种疫苗，对检出阳性病狐有种用价值的先用药物治疗后 1.5 个月再进行疫苗接种。

四、一般疾病

1. 呼吸系统疾病

（1）感冒

感冒是由于气候突然变化，动物机体被寒冷侵袭而引起的以鼻流清涕、羞明流泪、呼吸加快为特征的急性发热性疾病，分为普通感冒和流行性感冒。

【病因】病因主要是由于秋末冬初或寒冷季节的气温骤变、饲养管理不当、粪尿污染、通风不良、被毛浸湿受寒、长途运输等应激因素造成的。普通感冒是由多种病毒引起的一种呼吸道常见病，病毒血清型很多，有 30%～50% 是由某种血清型的鼻病毒引起，流行性感冒的病原是流感病毒。

【流行特点】以幼狐和老年狐多发，青壮年狐一般不发生，该病常发于早春或秋末，温度骤变，空气干燥或其他原因导致狐狸抵抗力下降时容易诱发。患病狐的呼吸道的分泌物为该病主要传染源，健康狐狸可经直接接触、采食污染的食物和空气传染。

【临床症状】临床上与犬瘟热初期症状相似。主要表现是呼吸道发生感染，由于被侵害的部位不同，临床上可出现急性鼻炎、急件咽喉炎和急性气管炎等。病狐体温升高，精神沉郁、不愿活动，食欲减退或绝食，鼻镜干燥龟裂，结膜潮红，四肢稍发凉，咳嗽流鼻涕，呼出气体发热，采食量减少，喜喝水，喜卧少动。有的病狐从鼻孔中流出浆液性鼻汁，咳嗽，呼吸浅表加快，有的出现呕吐，病情重者卧于一角，卷缩成团。

【诊断】依据临床症状可以判断，但要注意与狐狸犬瘟热的鉴别。其主要区别是：犬瘟热除侵害呼吸系统外，尚侵害消化系统，出现腹泻和便血，而感冒无此症状，粪便有时甚至干燥；犬瘟热热型为双相热，即体温出现升高，中间出现无热期，而感冒一般是持续性发热，感冒经抗生素、病毒唑、感康及安痛定治疗容易治愈，犬瘟热经抗生素治疗后仅能缓解消化系统和呼吸系统症状，不能治愈，并伴随很高的死亡率。此外犬瘟热在发展过程中，尚出现严重的化脓性结膜炎和鼻炎、皮屑、肛门和脚垫肿胀及特殊的异味等都是感冒所不具备的症状。如再结合犬瘟热疫苗免疫状况及对死亡兽实验室检查更易区别。

【防治】加强饲养管理，科学调配饲料，保持狐狸的体质，增强抗病能力。对患病狐进行对症治疗，用抗病毒药物和中药治疗，防止激发细菌感染，辅以抗菌药物。同时要注意防寒保暖，饲喂新鲜鱼、肉块或乳、蛋等。

治疗常用安痛定 1~2 毫升，青霉素 40 万~80 万单位，复合维生素 B 1~2 毫升，肌内注射，一日一次，必要时可静脉注射 5%~10% 葡萄糖液 20~40 毫升。

（2）肺炎

【病因】蓝狐的肺炎往往是由于感冒、气管炎等呼吸道疾病引起的激发细菌感染支气管发炎导致肺炎，另外某些物理和化学因素的刺激也会引起肺炎。由于治疗不及时，饲养管理管理粗放，可能造成较大损失。

【临床症状】急性肺炎病程急，往往来不及治疗，绝食1~2天，很快就会死，慢性肺炎病狐精神沉郁，呼吸急促，短而浅，腹式呼吸，体温升高，体温39~41℃，鼻镜干燥，有时咳嗽，粪便干燥，喜饮不食，有时发生畏寒战栗，浑身哆嗦。治疗及时大多可痊愈。

【剖检变化】急性经过的尸体，营养良好。肺充血、淤血，尤其是尖叶最重，切面呈暗红色，有血液流出。心脏扩张。心腔有多量血液，支气管黏膜充血，气管黏膜有水肿感。

【诊断】主要根据临床症状，如精神沉郁，隔居一角，呆立，呼吸困难，鼻镜干燥，体温升高等做出初步诊断。对仔狐诊断比较困难，要靠剖检来确诊。

【防治】用青霉素40万~80万单位，安痛定1~2毫升，肌内注射，每日1~2次，连用3天，并补给5%~10%葡萄糖液20毫升，皮下注射维生素C或复合维生维 B_2，一日一次。同时要多加强防寒保温措施，防止感冒，在治疗肺炎期间，应精心护理，补给新鲜、全价、易消化的饲料等。

（3）支气管炎

狐患感冒、受异物刺激及其他传染病继发感染等而发生支气管炎症，是支气管黏膜表层或深层的炎症。在临床上以咳嗽、流鼻液与不定型热为特征。各品种、性别、年龄的狐均可发病，尤以幼狐和老龄狐多发。通常在早春和晚秋，狐受到气温剧烈变化的影响而患病。根据病程，可分为急性支气管炎和慢性支气管炎两种。

【病因】引起狐各种疾病的致病因素，在使动物感冒或发生其他传染病的感染时，继发感染支气管炎。主要是引起支气管黏膜出血，黏膜炎症向肺泡蔓延时，则发生支气管炎。受寒感冒是引起急性支气管炎的主要原因。受到寒冷侵袭的狐机体抵抗力降低，支气管黏膜防卫机能减退，内外源性非特异性细菌大量繁殖，进而致发本病。狐吸入氨气、硫化氢及尘埃、霉菌袍子等，也可引起急性支气管炎。另外，急性支气管炎还可继发于某些传染病，如犬瘟热，某些寄生虫病，如弓形体病，以及邻近器官的炎症。急性支气管炎得不到及时治疗或治疗不当时，有可能转化为慢性支气管炎。长期患肺结核、肺气肿、心脏瓣膜疾病等，也可引起慢性支气管炎。

【症状】急性支气管炎的主要症状是咳嗽。发病初期，由于炎症渗出物的数量还较少，病狐表现为干、短、疼地咳嗽，3~4天后，炎性渗出物增多，狐咳嗽变得湿润并延长，疼痛亦减轻，但经常发作，常咳出痰液。痰液多为黏液，呈灰白色，有时带有黄色，由两例鼻孔流出。由于气管黏膜亦存在炎症，气管的敏感性增高，触诊喉头或气管，可诱发持续性咳嗽。听诊时可听到呼吸音粗厉，肺前区可听到干啰音（发病初期）和湿罗音（发病中后期）；病狐全身症状轻微，体温比常温升高0.5~1℃，呼吸次数增多。当发生毛细支气管炎时，病狐全身症状加重，体温比常温增高1~2℃，呼吸急速，严重时呈现呼气性呼吸困难，精神萎靡，嗜眠，食欲大减。X射线检查，仅见肺纹理较粗，但无炎性病灶。后期营养不良，多发生卡他性肺炎。

慢性支气管炎多为急性支气管炎转化而来，病程较长，常持续数日甚至数年。症状时轻时重。急性支气管炎病狐表现高烧，高度沉郁，战栗，呼吸急促，食欲减退，频频发咳。开始时为干性痛咳，后变为湿咳。当细微支气管发炎时，呈干性弱咳。鼻孔流出浆液、黏或脓性鼻涕。一般轻症经2~3周治疗可痊愈；严重病例可致死亡或转为慢性。当病狐受到寒冷刺激时，咳嗽加重，早、晚尤甚，由于病程较长，病狐食欲不佳，身体较为消瘦；由于支气管黏膜肥厚，呼吸道狭窄，易于造成肺内余气增多，导致肺气肿，所以在胸部叩诊时，肺界常呈过清音和肺界后移。其他症状和急性支气管炎相同。

【诊断】依据受寒病史及上述症状，再经 X 射线检查，即做出诊断。

【防治】为预防本病，应改善饲养管理，饲喂新鲜易消化的全价饲料，注意通风，保持场内安静。

药物治疗时，急性支气管炎应以消除病因，杀菌消炎，止咳、平喘、祛痰为治疗原则，必要时也可使用抗过敏药物。首先消除致病因素，将病狐置于温暖通风、空气清新湿润的环境中，给予营养全面且易于消化的食物。杀菌消炎可选用青霉素 80 万 ~ 100 万单位，肌内注射，每天 2 次；地塞米松 2.5 ~ 5.0 毫克，肌内注射，每天 1 次；复方新诺明 0.1 ~ 0.2 克，口服，每天 2 次；氢化考的松 2 ~ 5 毫克，口服，每天 2 次。当病狐支气管内分泌物黏稠不易咳出时，可给其内服祛痰剂，如氯化铵 0.2 ~ 0.5 克，内服，每天 2 次；人工盐 2 ~ 5 克，内服，每天 2 次；远志酊 2 ~ 5 毫升，内服，每天 2 次。当病狐咳嗽过于严重并伴有疼痛表现时，要进行止咳（注意，当咳嗽较轻且有痰液时，不要进行止咳，因为咳嗽本身是动物的一种保护性反应，利于呼吸道内异物如痰液的排出），可使用复方甘草合剂 2 ~ 5 毫升，内服，每天 2 次；复方樟脑酊 0.5 ~ 1 毫升，内服，每天 2 次；枇杷止咳糖浆 5 ~ 10 毫升，内服，每天 2 次。当病狐呼吸困难时，可采用扩张支气管和吸氧的办法来缓解其呼吸困难。可使用麻黄素片 50 ~ 100 毫克，内服，每天 2 次；也可给病狐吸氧。在使用祛痰止咳药的同时，可服用抗过敏药物，以提高治疗效果，如盐酸异丙嗪 5 ~ 10 毫克，内服，每天 2 次。

对于慢性支气管炎的治疗，除使用上述方法外，还应加强饲养管理，喂给病狐营养丰富易于消化的食物，以增强其抗病能力，促进机体康复。慢性支气管炎治疗的时间较长，在使用青霉素等抗生素药物的同时，可使用兴奋性祛痰药，即使用松节油、松馏油、克辽林、氯化铵等药物。

（4）肺充血和肺水肿

【病因】主动性肺水肿是动脉血过多地流入肺部的疾病。狐多发生在逃跑或快速运动之后。长途运输，特别是炎热季节易发生热射病。冷热突变及刺激性气体等，都是发生本病的原因。当肺的渗出受到压迫而使血液流通发生障碍时，则形成侧枝性充血而发病。主动性肺充血，也出现于格鲁布性肺炎的开始阶段。

被动性肺充血是指肺的静脉血淤滞，多数是心脏瓣膜疾病的结果，在所有伴发心脏衰竭的各种疾病中，都可能发生沉坠性充血。此外，发生传染病、中毒等恶性病的经过中，也多如此。胃肠道的气体蓄积，也可造成本病。

肺水肿是肺泡、微细支气管、支气管腔和肺泡间结缔组织中发生浆液性、渗出性疾病。发生的形式各种各样，炎性肺水肿呈浆液性肺炎，继之发生主动脉性肺充血，可见于格鲁布性肺炎和某些传染病。肺水肿往往也继发于淤血，例如，处于濒死期的动物，由于心脏机能松弛，导致肺部血液流出困难而发生肺水肿。或者由于血管壁通透性异常，如刺激性气体、烟雾等就会引起这种异常。在炭疽病、恶性水肿、败血症、重剧肾炎时，由于细菌或毒素的作用，也可以引起肺水肿。

【症状】肺充血和肺水肿，一般呈突然发作，呼吸加快。每分钟达到60~80次，甚至达到100次。鼻翼扩张，可视黏膜呈鲜红色，常常发生鼻出血，或从鼻孔中流出泡沫状黏液。患狐不安，沉郁，眼球突出，颈静脉怒张，有窒息的危险逐渐发生浅而短的咳嗽。听诊可听到大小水泡音，脉数频，心波动亢进，呼吸困难，越来越加重，逐渐陷于昏迷状态。病程极为急剧，12～24小时，可能痊愈，也可能窒息而死；或转为肺炎。

【防治】要使狐安静休息，放血进行急救。胸部及皮肤用冷水浇淋或涂擦刺激性药物。另外，可给予缓泻剂。

2. 消化系统疾病

（1）口炎

口炎即口腔黏膜的炎症，根据炎症性质区分为卡他性、水疱性、结节性、溃疡件及坏疽性几种。本病于蓝狐比较少见。

【病因】口腔黏膜炎多由机械性损伤，如饲料尖锐、异物、骨片、末粉碎谷粒硬壳、捕捉时外伤而引起，称为原发性口炎。当发生某些传染病如钩端螺旋体病、阿留申病或非传染病如胃肠炎、皮炎时，亦可继发本病。

【症状】主要表现为口腔疼痛。根据病程及性质发现充血，覆盖以淡黄白色薄膜或单个水疱及溃疡。当以后感染时，并发黏膜及黏膜下组织化脓性炎症。也可能发生坏疽或崩解。病兽出现流涎或血样液体排泄物。原发性口腔就膜炎预后良好。

【诊断】根据病的临床症状可以诊断。但必须把死亡于口炎的病兽送实验室进行检查，以排除传染病。

【防治】从口腔排除异物。用3%过氧化氢或1%高锰酸钾溶液洗涤口腔，当继发性口炎时，实行相应的病原疗法。捕捉时严禁用粗硬器具，在饲料调制过程中，将骨骼粉碎，添加的谷物饲料也要粉碎。

（2）胃肠炎

狐狸胃肠炎是胃、肠黏膜的炎症，二者可同时发生，也可能单独发生，在临床上不易区别，炎症的发展过程及病理变化，主要为浆液纤维素渗出物的浸润、出血、化脓组织坏死，同时有程度不同的中毒现象。在病变过程中，常侵害组织深层，可分为卡他性胃肠炎、出血性胃肠炎两种。

①卡他性胃肠炎

卡他性胃肠炎是胃肠表层黏膜的炎症，是胃肠表面轻微的病变，胃壁分泌障碍，肠壁绒毛运动和分泌障碍，常出现腹泻。

【病因】造成卡他性胃肠炎的原因很多，饲料的霉败、风寒感冒、维生素 A 缺乏、饲料中混有异物（如玻璃碴、铁钉）等刺激均可引起胃肠炎。此外某些饲料中化学药物、农药中毒等也能引起胃肠炎。也有某些传染病（如巴氏杆菌病、副伤寒病等）的继发症。

【临床症状】病狐食欲减退，进而拒食，精神委顿，弓腰卷腹，四肢无力，反应迟钝，排出不成条的稀便，颜色有绿、白、黄色，呈粘稀的胶陈状，也有的排出未消化的饲料残渣，有的病狐出现呕吐，幼狐腹泄严重时，常出现脱肛，病狐逐渐消瘦，被毛粗乱无光。体温一般不升高，但脱水严重。

【诊断】根据临床症状，确诊胃肠炎并不困难。主要根据病史、粪便颜色和强调度判定。

【防治】内服氯霉素，每只每次 0.25～0.5 克，每日 2 次，连续服用。对饮欲增强的病狐可在饮水中加入新霉素或链霉素，每只狐加入 2.5 万～5 万单位，严重者可肌内注射青霉素 80 万单位，1 日 2 次，同时注射维生素 B 10.5 克。或土霉素 0.25～0.5 克，复合维生素 B 1～2 片，1 次内服，每日 2 次。同时要改善饲养管理，更换新鲜适口饲料。

②出血性胃肠炎

出血性胃肠炎是胃肠黏膜伴发出血的炎症为特征，严重的造成毒血症，常引起大批死亡。

【病因】主要由于喂给腐败、变质、霉烂的鱼、肉、蚕蛹饲料或加工过程中变质的饲料，喂给冰凉的萝卜、白菜等饲料也容易引起该病，有的由卡他件胃肠炎延续发生，某些传染疾病

（如犬瘟热、剧伤寒）等也能继发本病。

【临床症状】该病发病急，全身症状明显，体温升高，鼻镜干燥，精神极度沉郁，腹泻较重，个别带血，异常腥臭，呈煤焦油状，有腹痛表现，常弓腰收腹，病后期出现神经症状，此时体温下降，常在一昼夜之内死亡。

【剖检变化】出血性胃肠炎病狐尸体胃肠黏膜高度水肿，呈暗红色，常出现大量点状或条状出血。胃肠道内容物被染成红色。有时胃肠黏膜有溃疡及坏死灶。

【诊断】主要根据病史、粪便颜色和强调度判定。

【防治】以清理胃肠，保护黏膜，消炎，止泻，补充体液为原则。

病初期可内服硫酸钠或硫酸镁 5～8 克。肌内注射青霉素 40 万～80 万单位，链霉素 0.58～1 克，每日 1～2 次。最好同时内服氯霉素或四环素，用量 0.25～5 克。也可采用磺胺眯 1～1.5 克，1 日 2 次。对症治疗。皮下注射 5% 葡萄糖液 50～100 毫升，樟脑油 0.5～1 毫升，生理盐水 10～80 毫升，每天 1～2 次。内服磷霉素钙每日 2 次，连续服用 2～3 日，对治疗各种胃肠炎有显著效果。

在日常饲养管理时，要严格禁止喂发霉变质、酸败、冰冻的饲料，经常喂给抗生素、添加剂饲料，有较好的预防效果。

（3）急性胃扩张

【病因】蓝狐急性胃扩张是由于采食过多不易消化、容易发酵和腐败的饲料，胃的消化机能障碍，幽门出现痉挛性收缩；或由于小肠积食或变位，内容物不能后送，导致胃的扩张超过生理限度所致；或是采食后剧烈运动，肠梗阻，便秘，胃扭转等，都是导致急性胃扩张的因素。

【症状】蓝狐原发性胃扩张多在采食后不久突然发病，腹围膨大，精神沉郁，食欲废绝，严重者四肢朝上仰躺笼内，叩诊腹部发出鼓音，少数病狐呕吐。继发性胃扩张先出现原发病症状，以后出现急性胃扩张症状，有的两侧鼻孔间歇流出带食糜的鼻液。

【诊断】精神沉郁，食欲废绝，腹围膨大，叩诊鼓音，即可判断该病。

【防治】发现该病后，应以最快速度抢救，拖延时间即可发生胃破裂或窒息死亡。选用狐专用胃管经口腔插入胃内，先排空胃内气体，然后接上20毫升的注射器，反复抽吸。若食糜过于黏稠，可向胃内注入少量温水后继续抽吸，直至抽尽胃内食糜，腹围恢复正常，动物安静，触诊胃部空虚即停止抽吸。让病狐安静休息片刻，治疗使用鱼石脂酒精加石蜡油（也可用食油代替），再加普鲁卡因及稀盐酸胃内注射。鱼石脂、95%的酒精、水、石蜡油、普鲁卡因和10%的稀盐酸的用量比例分为1克、5毫升、15毫升、10毫升、50毫克、5毫升。待狐症状缓解后，应禁食24小时，之后给予流食并控制饮水。由食物和幽门痉挛引起的胃扩张容易治疗，而由其他原因和肠道疾患引起的胃扩张几乎无治愈的可能。有的可用大蒜塞入直肠促其排气、排便，重症可用针头放气，插入1厘米，用全针插入然后除去针管留针头，用右手拇指堵住，慢慢放至正常。对脱水严重者可皮下多点注射100克/升葡萄糖注射液20毫升，150克/升维生素C 2毫升。

(4) 幼狐消化不良

幼狐的消化不良症，主要是胃肠机能紊乱引起的综合症。发病主要在两个阶段，即7~10日龄的仔狐。40~50日龄的断乳前后的幼狐，若不及时防治，容易形成"僵狐"，甚至死亡。

【病因】主要由于喂给母狐发霉变质、酸败饲料，引起母狐胃肠疾病或乳腺疾病，导致仔狐消化不良；母狐日粮中蛋白质、脂肪含量过高或患乳腺疾病；母狐日粮营养不全，维生素不均，也可引起仔狐的消化不良；产箱潮湿不卫生，垫草缺乏，母乳为病原菌所感染或母狐乳房被污染。幼狐的胃肠消化机能是不健全的，在有害食物的作用和不良条件的影响下很容易引起胃肠分泌机能失调和消化机能紊乱，在肠道内产生大量有毒物质和气体，继续作用于肠道，使其蠕动加强，出现下痢和腹部疼痛的症状。

【症状】病狐肛门部被粪便污染，被毛蓬松，缺乏正常光泽，头大体瘦。肋骨裸露，腹部膨胀，下痢，呕吐，粪便稀薄，呈灰黄或灰褐色，常含有气泡，口腔恶臭，舌苔灰色，口腔黏膜色泽变淡。本病具有局部发生的特点，一般持续4～7天并最终转归痊愈。

【剖检变化】在肠管中发现大量黄色液状内容物。于胃内发现有未消化的食物残渣或乳块，胃肠道充满气体，其胃肠壁变薄；慢性病例尸体消瘦，贫血，肝脏常常呈黄色。

【诊断】根据下痢特有的临床症状和发病年龄即可建立诊断。必要时对死亡仔兽的内脏器官及胃肠内容物进行细菌学检查。该病发生是否因病毒感染，现尚未阐明。

【防治】本病虽然无高死亡率，但也应注意护理和治疗。一般情况下，投给适量蛋白酶、乳酶生、干酵母等促进消化的药物即可。但病情较重者可应用土霉素，每次5～10毫克，链霉素每次500～1 000单位。颈部皮下注射10%葡萄糖或生理盐水，同时肌内注射维生素B_1、B_6、B_{12}，发现治愈加快。维生素B_1注射量为0.5毫升，B_6为0.2毫升；B_{12}为5微克；10%的葡萄糖6毫升，生理盐水50毫升，皮下多点注射。这样治疗可缩短病程，不治疗7～10天才能痊愈，应用上述方法，在4～7天即可。预防本病需加强母兽泌乳期的饲养，保证给予优质、全价和易消化的饲料，注意产箱卫生，要经常打扫，保持清洁干燥。母兽发生乳房炎时，应将仔兽给健康的母兽代养。

（5）幼狐胃肠炎

【病因】断乳期，此期仔兽断乳开始独立生活、其胃肠机能很弱，一旦饲养上发生错误，就会引起发病。如饲喂质量不好的饲料，日粮比例不当，调制方法不好，以及母狐叼入小室的饲料或食盆的剩食，时间较久、已腐烂变质，仔狐吃后引起发病，粪便堆积小室内未及时清理，仔狐误食也可引起本病的发生。继发性胃肠炎可能发生于某些传染病加大肠杆菌病、副伤寒、球虫病等。

【症状】幼狐胃肠炎表现出高度的发病率和死亡率。病狐常发出微弱的叫声，腰腹稍膨胀，精神高度沉郁，食欲减退或废绝，可视黏膜贫血，被毛焦燥，逐渐消瘦，病兽排出白色或咖啡色新液样粪便，肛门及尾毛被粪便玷污不洁，在粪便小常发现未消化的饲料残渣，严重的混有血液，口腔恶臭，舌苔灰白色。病程稍长的发育缓慢，消瘦，呈贫血状态。被毛蓬松，无光泽。重者有时虚脱。

【剖检变化】尸体消瘦，可视黏膜苍白，皮下无脂肪。急性经过者胃肠黏膜稍有增厚，有皱褶，常有点状或带状出血。肝脏稍肿胀，质地脆弱，捏之易碎，胆囊增大并有多量黄绿色胆汁。慢性经过者，胃肠壁变薄，黏膜脱落，在胃黏膜上出现许多大小不等的糜烂面和溃疡灶。

【防治】胃蛋白酶 10 克，与水 100 毫升混合，1 日内服 3 次，每只每次 0.5 毫升。土霉素或氯霉素 0.25～0.5 克，维生素 $B_1$50～100 毫克，混合 1 次内服。黄连素 1～2 毫升肌内注射。病症稍长的，可采用 10% 葡萄榜 20 毫升、维生素 C 1～2 毫升，多点皮下注射。仔狐断乳时，先给予新鲜易消化的饲料，离乳的仔狐应强分开，防止抢食，造成饥饱不均，仔狐的笼舍，产箱要经常打扫，保持清洁干燥，要定期或不定期在饲料中投入饲用土霉素和其他抗生素类，对预防本病能起到良好的作用。

（6）肠梗阻

肠梗阻也就是肠管内腔被异物变狭窄或阻塞。是蓝狐常发的疾病之一，最常见于成年母狐。

【病因】肠梗阻为吞食异物所致，常为绒毛球、绒毛辫条及橡皮块等。在母兽产仔准备期会出现绒毛梗阻，因此时母兽以牙齿拔掉乳腺周围的被毛，此时母兽不可避免地吞下一些绒毛。大多数情况下，吞下的绒毛可以出粪便中排出，有的毛则不排出而滞留于肠管或胃内，暂时抑制肠内容物继续后移，在阻塞部逐渐停止蠕动，致使局部血液循环发生障碍，出现肠黏膜炎症或坏死。

【症状】病兽食欲丧失及进行性消瘦。产仔后母兽不采食。发现从口腔内排出白色泡沫，常常发现呕吐或呈现要排粪的动作，严重时出现腹痛，时时以腹部磨擦笼网。

【剖检变化】在肠管内发现异物和出血性炎症。局部（覆盖异物肠管区）发生浸润，呈暗紫色，严重者肠管坏死、破裂。

【诊断】根据临床症状，再加以触摸检查可以确诊。如果异物锐缘很大，那么治疗通常无效。

【防治】用胃管灌服加有消炎药的凡士林油，剂量为150毫升，1天1次，连用3~4天即可见效。当病兽出现食欲，并在笼子下面发现覆以黏液的结实粗硬的被毛形成物，为治愈征候。严重者可实行剖腹术。预防该病必须保证母狐在产仔后喂给营养全价、易消化的饲料，并保证完全温暖的饮水。饲料严加检查，除去夹杂物如橡皮块、包装用纸等。

（7）肠套叠

肠套叠为一段肠管缩入自体肠管内，缩入部的静脉血管淤血肿胀，致使该部肠管狭窄，出现痛疼现象。在仔狐中经常发生。

【病因】多因肠蠕动过度或逆蠕动而引起，如肠炎、肠梗阻、异物刺激作用、肠寄生虫等。狐狸惊扰后剧烈运动等也有引起该病的可能性。

【症状】病狐出现食欲废绝，排便停止，有时从肛门内排出血样粪便，气味恶臭。小肠套叠，很快继发胃扩张，体温升高，初期脉搏加快，以后逐渐变弱。当腹部触模检查时，常摸到圆柱状物体，坚固有弹性，而且感觉敏感。

【防治】加强饲养管理，不喂发霉变质的饲料及含纤维素多的饲料，防止肠蠕动加快。不惊扰狐狸，在某种意义上对预防本病发生是有益处的。因本病生前常不易被确诊，来不及治疗。如能早期发现，可实行剖腹术。直肠部套叠脱出时，实行直肠切除术，可获得较高的治愈率。

(8) 脱肛

脱肛是指直肠末端的黏膜层脱出肛门外或部分直肠甚至回盲肠向外翻脱出肛门外。轻者外观呈圆球形，幼狐在排粪或努责时，直肠黏膜由肛门脱出，有时会自动缩回，脱出严重的直肠及黏膜完全外翻，外观呈筒状，一般不会自动缩回。本病多发生于45 日龄断奶至 90 日龄育成期幼狐。脱肛是造成幼狐生长发育缓慢、死亡的主要疾病之一，如果不采取积极有效的治疗措施，会使脱出的肠管发炎、坏死，甚至造成幼狐死亡，给养殖户带来严重的经济损失。

【病因】幼狐由于消化机能尚不健全，加之饲养管理不善、兽舍潮湿、营养不良、体质虚弱或是饲喂过饱引起的消化不良及病理性胃肠炎、腹泻等造成幼狐直肠韧带松弛、肛门括约肌麻痹，出现里急后重、腹内压升高、幼狐频频努责，导致幼狐直肠脱出，特别是刚刚吃饱后的幼狐直肠更容易脱出。

【症状】刚脱出时直肠呈红色或淡红色、湿润、有光泽、轻度水肿。脱出时间较长的由于直肠被肛门括约肌挤压，导致血液循环障碍而严重水肿，甚至发生黏膜充血、淤血，颜色呈暗红色或黑色，并附有粪便或污物，随着脱肛时间的延长，有的黏膜出现感染、溃烂，有的干裂、坏死，病狐频频努责，排粪困难，精神不振，严重者伴有全身症状，食欲减退或废绝，甚至死亡。

【诊断】幼狐在排粪或努责时，直肠黏膜由肛门脱出，即可诊断该病。

【防治】首先分析造成幼狐脱肛的原因，并针对病因加强对幼狐的饲养管理，防止胃肠炎、腹痛、腹泻等消化系统疾病的发生，发现腹泻要及时治疗，不要拖延时间，否则很容易继发脱肛；注意笼舍的卫生消毒工作，注意保温和干燥护理，并同时预防消化系统和呼吸系统疾病，防止继发感染；幼狐贪食，采食无节制，喂多少吃多少，容易造成消化机能紊乱，排便次数增多，导致肛门括约肌松弛而发生脱肛。因此幼狐的饲喂要定时定量，不要喂得过饱，另外饲料要新鲜、适口性好、易消化、营养全价，特别是不能饲喂含虾皮多的不易消化的饲料，其次要增强营养，除饲喂正常的新鲜全价饲料外，幼狐还需补饲煮熟的鸡蛋和维生素、微量元素，以适应幼狐尚未发育健全的消化系统。

在排除各种诱发因素后，对大群和个别的病例给予对症治疗。全群饲料中投喂氯霉素原粉，饲喂量为每千克体重 15～20 毫克，连用 5～7 天。对反复脱肛的幼狐肌注庆大霉素 8 万单位或氯霉素 25 万单位。同时对食欲减少的幼狐肌注开胃消食针，对脱水者多点皮下注射糖盐水或用注射器口腔灌注糖盐水。对于个别严重脱肛的或反复脱肛者采用手术疗法。手术治疗分为 3 个步骤：第一步，整复。将患狐用套子倒提保定，用热的（以不烫手为宜）0.1% 高锰酸钾或 0.9% 的氯化钠溶液彻底清洗、消毒脱出的肠管。如果水肿严重可用针刺破水肿，在脱出的直肠部位垫一块消毒脱脂棉，用拇指轻按肛门部位，按揉 1～3 分钟，小心地将脱出的肠管送回原位，并涂布红霉素等抗生素软膏或青霉素粉。第二步，固定。对于脱肛严重者或反复脱出者需采用手术缝合的方法将其固定。首先将病狐倒提保定，整复后用家庭缝衣针和较粗一些的线在病狐肛门的上半部分缝合1针，同时在下1/3处缝合1针，中间留出排粪的空隙。缝线不要过紧或过松，过紧容易使线绷开，过松会再次脱出，留的空隙不要太小，以免影响狐排粪。对于直肠脱出较长、术后反复脱出者或直肠坏死需切除直肠的，应实施直肠切除缝合术，术前停食1天，用温的生理盐水灌肠，使直肠空虚，用0.1%高锰酸钾充分清洗消毒，在此基础上，用2根灭菌的长缝衣针紧贴肛门穿过脱出的肠管，使两根针相互垂直固定肠管，固定时要避开大的血管。在距固定针1~2厘米处切除坏死的肠管，充分止血后，用细的缝线和圆针把肠管两层断裂的浆膜层和肌层分别作结节缝合，然后连续缝合黏膜层。缝合好后用0.1%高锰酸钾冲洗消毒，并涂以抗生素软膏，除去固定针，将直肠还纳于肛门内。第三步，术后护理。手术缝合后幼狐应限饲1~2天，期间可以补充50%的葡萄糖和维生素C，以增强营养和抗应激能力，同时饲喂流食，并逐渐增加喂食量，7天后视情况拆线，1周后恢复正常饲喂。

3. 泌尿系统疾病

（1）尿结石

尿结石是由尿中无机盐析出后在尿路、膀胱内形成的结石，其体积逐渐增大，引起尿路、膀胱黏膜发炎、出血、增厚，此病影响公母狐的正常发育，给养狐造成一定的经济损失。

【病因】饲料中添加微量元素过量，每天给狐补水不足，特别是冬季，有的养狐场根本就不给狐补水，使添加的微量元素在狐的肾脏和膀胱、输尿管形成结石，往往继发于肾结石。有的场饲料调制过干，机体酸碱平衡和保护性胶体遭到破坏，维生素D过多等也会诱发尿结石。

尿结石形成的机制是原先由脱落上皮细胞、红细胞、白血球等形成结石的核，然后在周围逐渐沉积无机盐或有机物而形成结石。结石一旦形成会影响黏膜的正常生理功能，阻塞尿道，造成尿滞和尿分解，如果结石在尿道中不及时排除会造成肾脏和膀胱发生炎症，维生素 A 不足时，会引起表皮角化，随后尿道黏膜脱落，膀胱发生炎症。以及尿滞留和尿分解，可促使尿结石的形成。

【症状】本病是慢性病，发病初期没有明显的症状，随疾病的进展，病狐表现精神不安，频频排尿的动作，尿液常常浸湿尿道口周围的毛绒。膀胱部触诊时，表现疼痛感，腹围明显增大。急性经过时，突然拒食，慢性经过的表现食欲不振，拒食，身体逐渐消瘦。病狐严重时，走路蹒跚，后肢勉强做短步移动。趴于笼内，后期表现不安，被毛蓬乱，不断尖叫，病狐被毛常被粪便污染，肛门部尤为明显，常从肛门排出稠度不均匀的液状粪便，粪便呈绿色、黄绿色、褐色或黄白色，多数病例粪便中有未消化的凝乳块，并混有血液、气泡和黏液，出现下痢症状，随后很快死亡。

【剖检变化】剖检病狐，可见肾脏、膀胱内有大小不同（如黄豆粒大、玻璃球大）的结石块，数量不等，质地坚硬的灰白色或淡黄色的结石块，用手摸结石块掉白色和灰色粉沫，有时病狐的尿道中也可以发现结石、肾增大，呈囊肿状，被膜下有点状出血，肾盂扩张，充满黏稠的尿液。并伴有出血现象。在结石的周围可见出血、溃疡灶。病程长，膀胱充血严重，膀胱增厚，后期膀胱腐烂，病狐消瘦，心脏衰竭死亡。

【诊断】尿结石没有固定的症状，如果没有堵塞尿道，诊断困难，根据病狐行为的观察，尿液尿盐的检查结果及化学反应的分析，即可确诊。对于远离兽医院的养狐场，没有检测尿液的仪器，可通过触摸膀胱，感觉膀胱的大小及内部有无结石或尿沙存在即可诊断为尿结石病。

【防治】为防止尿结石的发生，在饲料调制时不能过干，保证狐补给丰富的微生素，尤其饲料中要有足够的维生素 A 的含量，每天添加的微量元素要适量，日粮中每天每只加氯化铵 2克，加服 1 周，使尿变为酸性。饲料中尽量少加动物骨质饲料，因为骨质是形成结石最有利的条件，保证每天足够的饮水。

对发现及时，症状较轻的狐，应饲喂液体饲料，同时投服利尿剂，如呋塞米、氯噻酮等及消炎药物青霉素、链霉素、乌洛托品等。进行治疗对药物治疗效果不明显或完全阻塞尿道的病狐，可进行手术治疗。用含量为 75% 的磷酸，按饲料量的 0.8% 投给，用水稀释后混入饲料中搅拌均匀。对结石数量较少的小结石，应采用呋噻米片或注射液，片剂按每千克体重 1~2 毫克口服，注射液每只 10 千克的狐注射 2 毫升，必要时，可穿刺排尿。

纠正酸中毒，可用 0.9% 生理盐水 15 毫升、5% 碳酸氢钠注射液 15 毫升静脉滴射。对抗高血钾用 10% 葡萄糖注射液 40 毫升、10% 葡萄糖酸钙注射液 2 毫升采取静脉注射。

（2）尿湿症

尿湿症是临床上表现泌尿障碍的一种病。广泛分布于世界许多养狐国家，给养狐业带来很大的经济损失。尿湿症为细菌性病原的疾病，由链球菌、葡萄球菌和绿脓杆菌引起。尿湿病与遗传因素相关，主要发生于 8~9 月，饲料腐败和氧化变质及维生素 B_1 不足能诱发和促进该病的发生。

【病因】发病原因主要有 3 个方面。一是饲喂维生素 D 超量。一些养殖户认为补充维生素类会均衡蓝狐生长发育所需营养，投喂鱼肝油、维生素 D 丸等会促进母兽发情，提高产仔率等，因而造成盲目饲喂，最终维生素 D 超过个体生长需求。过多的维生素 D 会使动物出现恶心、呕吐、腹泻、多尿；血清及尿中钙、磷浓度增高，钙沉积在肺肾等，最终导致肾功能减退而出现"尿湿症"。二是由于胃肠疾病引起胃肠功能紊乱，使血中钙磷浓度增高，从而导致尿湿症。三是其他疾病引起的泌尿系统疾病，如尿道炎、膀胱炎、肾盂肾炎等均可导致不同程度的尿湿症。

【症状】病狐多表现营养不良，可视黏膜苍白，尿频，尿液淋漓，会阴部、腹部、后肢内侧及尿道口周围被毛高度浸湿，以后上述被毛胶着。皮肤逐渐变红及显著肿胀，不久在浸湿部出现脓疱，脓疱破溃形成溃疡。当病程继续发展时，被毛脱落，皮肤变硬、粗糙，以后在皮肤和包皮上出现坏死变化。坏死扩延侵害后肢内侧及腹部皮肤。常常发生包皮炎，包皮高度水肿，排尿口闭锁，尿液脂留于包皮囊内，病兽高度疼痛。

【剖检变化】会阴部被毛湿润胶着成硬固的小束，很多地方被毛脱落。在脱毛部皮肤变肥厚，触摸硬固，有时发生坏死。肺内常发生不同程度出血和肺炎病灶。肝变硬呈泥土色及轻度松弛。脾轻度肿胀，偶尔发现有坏死灶，淋巴结特别是肠系膜淋巴结肿胀增大，有时表面发现点状出血。肾增大，有时包膜肥厚，肾表面颜色不一，在褐红色底上见有淡黄色小区，有时有斑点状出血，肾盂扩张，含有污灰色脓汁或血样液体。输尿管肥厚。经常发现化脓性膀胱炎，膀胱内很少有结石。

【诊断】泌尿障碍是提供诊断的充分依据。为进一步确诊，采用实验室检查，采取新排出的尿液、脓疱或坏死性溃疡物，将其培养于胨肉汤内，大部分病例可分离出混合微生物，即球菌、双球菌、大肠杆菌、绿脓杆菌等，即可确诊。

【防治】一是改善病狐的饲养管理，停喂腐败变质的饲料，换上易消化和富含维生素成分的饲料，给予清洁、足够的饮水。二是采用醋酸溶液，每日每只狐貉饲喂 5~10 毫升，连续 7~10 天；或氯化胺制剂，每日每只狐饲喂 1~3 毫，连续 7~10 天。重症者可投给乌洛托品解毒利尿，采用青霉素、土霉素、链霉素等抗生素治疗，可以收到良好的效果。

（3）膀胱麻痹

膀胱麻痹是由膀胱括约肌高度紧张而引起的疾病，并伴有排尿不能。在哺乳期北极狐母兽常发现该病。

【病因】本病为肌原性，主要发于泌乳量高而且母性强的母兽中间，这种母兽往往拖延排尿时间，特别是在夜间睡眠时更是如此。如果兽场产仔期保持安静，病的发生就大大减少。反之，使母兽经常处于惊扰状态，对排尿中枢产生抑制影响，由于膀胱解剖构造特点，长期过度充盈与括约肌持续性紧张不开，因而导致膀胱颈出现比较牢固的闭锁，在一定阶段母兽不能单独完成排尿动作。

【症状】最初症状是母兽在给食时不出产箱，其后母兽腹围逐渐增大，触摸膀胱显著变大有波动。此时病兽呼吸困难，腹壁非常紧张。大多数病例为急性经过（1～2天），并发症常常是膀胱破裂，如能及时急救，则预后良好。

【诊断】根据特有临床症状建立诊断。

【防治】将母兽从产箱内驱赶出来，让其在笼子内运动20～40分钟，使尿液从膀胱中排空。如还不能达到目的时，可将母兽放到兽场院内10～20分钟，使其把尿充分排出。如上述方法无效时，可实行剖腹术，经膀胱壁把针头刺入膀胱内使其尿液排空。预防本病，哺乳期要合理饲养，保持兽场安静。饲养人员在喂饲时如母兽不从小产箱内出来，可把这样的母兽赶出产箱，插上挡板，让母兽把尿在外面排出后，再打开挡板放回产箱内。应用这种简单方法，即可有效预防狐狸膀胱麻痹病。

4. 生殖系统疾病

（1）流产

所谓流产即妊娠中断，随后胚胎完全或部分消散，或从生殖器官内流出死亡的或早产胎儿。

【病因】致使狐流产的原因很多，但主要原因是饲养上的错误，如过度惊吓、长期饲料营养不全、饲料霉烂变质、冷藏过久、缺乏维生素和矿物质的饲料等。生殖器官系统某些疾病（子宫炎）和其他慢性疾病（肝肾脂肪变性）也会引起母兽流产。患有布氏杆菌病、加德纳氏病等疾病也可诱发流产。机械性流产（粗暴捕捉、惊扰）在养狐业实践中并不多见。

【症状】狐狸多发生隐性流产，即妊娠前期胚胎自体溶解而被母体吸收。一些母兽整个胚胎死亡（全隐性流产），另一些母兽部分死亡，而其余正常发育（不全隐性流产）。一般隐性流产几乎无症状，有个别母兽若干天食欲减退或完全拒食，狐流产后往往在小室或笼内看不到胎儿，但能看到血迹，个别狐也能看到残缺不全的胎儿。一般从母狐的外阴部流出恶露，1～2天后见到红黑色的膏状粪便。发生不全隐性流产时，触诊子宫可摸到比相应期胚胎小得多的硬固无蠕动的死亡胚胎。怀孕中、后期发生的流产多为早产或小产，即流出不足月的活胎或死胎。流产的母狐精神不好，食欲减退，在笼内或地面上可看到死胎或弱的活胎。流产后，母狐阴道内不断地排出脓性分泌物。

【防治】为预防流产的发生，孕狐的饲料配方要合理，营养要全面，肉类饲料要新鲜，并且应添加一定量的多维和微量元素，不轻易更换饲料。同时养狐场周围环境要保持安静，不要在靠近公路、机场等噪音较大的地方建养狐场。为防止传染性流产和寄生虫性流产的发生，应将工作人员生活区和狐的养殖区隔离，禁止非饲养人员进入养殖区。妊娠期狐场谢绝参观。狐群中有传染病或寄生虫病流行时应全群投药，及时对症治疗。

对已发生流产的母狐，为防止子宫炎和自身中毒。每只每次可注射青霉素20万～40万单位。为促进食欲，可注射复合维生素B液0.5～1毫升。对不完全流产的母狐，要进行保胎治疗，可注射孕酮（1%黄体酮）0.3～0.5毫升和口服维生素E。对已经确认死胎者，可先注射缩宫素 1～2 毫升，然后再进行治疗。

（2）难产

狐难产多是由于饲养管理不当造成，但多数狐一般不会出现难产现象。

【病因】狐发生难产有以下几种原因：雌激素、垂体后叶素及前列腺素分泌失调；妊娠前期饲料营养不合理，使母狐体况过肥或营养不良；年老体弱狐；初产狐；子宫内膜炎；胎儿过多或过大；死胎、畸形、胎儿水肿；产道狭窄；胎势、胎位异常。

【症状】多数难产母狐超出预产期而发病，母狐表现不安，呼吸急迫，来回奔走，不停地进出小室，有分娩行为，努责，排便，发出痛苦呻吟。有的阴道流出褐红色血样分泌物，后躯活动不灵活，患狐不时舔舐外阴部。有的胎儿前端露出外阴郁，夹在阴道内久久不能产出来。母狐衰竭，精神萎靡，子宫阵缩无力。往往钻进小室内不动，甚至昏迷。

【诊断】根据狐已到预产期而且腹围很大，有临产表现，但不见胎儿娩出，母狐表现不安，不断进出小室，阴道有血污排出，时间已超过 12 小时，可视为难产。

【防治】当母狐有分娩表现并已超过 12 小时，可先行催产。狐可注射脑垂体后叶素 0.6～0.8 毫升，间隔 20～30 分钟，如仍未产出，可重复注射一次，在使用催产素 2 小时之后，胎儿仍不能娩出时，则应采取人工助产或进行剖腹产。

助产时，先将外阴部用 0.1% 高锰酸钾溶液或新洁尔灭溶液消毒，然后用甘油或消毒灭菌后的植物油作阴道润滑处理，用长柄镊子将胎儿拉出。如果通过催产、助产均无效果，可实施剖腹产取胎。

（3）乳房炎

【病因】乳房炎多数是由于乳腺感染而发生的。仔狐弱，吮乳能力差，或仔狐少，母狐乳量充足，致使乳房胀满，使乳汁长期积留于乳腺中；仔狐多，尤其是断乳前仔狐争相吮乳、造成乳房咬伤或损伤等或其他外伤造成感染，可引起乳房炎。

【症状】患狐的乳房基部形成纽扣大小的结节，有的乳房有外伤，化脓。开始时，乳腺硬结，继而乳房肿胀，乳头有咬伤，感染化脓，有时破溃，流出黄红色脓汁。病重者表现精神不安，常在笼中徘徊，拒绝仔狐吸乳。有的患狐常叼仔狐出入小室，而不安心护理。仔狐由于不能及时哺乳，发育迟缓，被毛蓬乱焦躁，并经常发出尖叫声。母狐因长期乳腺发炎，体温升高，食欲减退或废绝，精神沉郁，体力衰弱。

【诊断】根据患狐的临床表现和仔狐的发育情况，即可确诊此病。

【防治】产仔期要加强母狐的饲养管理，保证有柔软的垫草和良好的小室卫生，经常观察产仔母狐的哺乳行为和仔狐的发育状况，发现外伤及时处置，防止感染。

一经发生乳房炎时，初期提倡按摩乳房，排出积留乳汁。对发育不全的乳头，应小心将其引出来，此时拇指和食指作轻微旋转运动，使其乳汁排出，或用日龄较大的仔狐放在母狐乳头上让其吸吮。实践证明，除化脓者外，乳腺进行按摩，对治疗乳房炎有良好效果。如感染化脓，可用0.25%奴夫卡因5毫升、青霉素40万单位，在患狐炎症位置周围的健康部位进行封闭治疗，短时期也能获得满意的效果。对局部化脓者，化脓部位用0.3%利凡诺溶液洗涤创面，然后涂以青霉素油剂或消炎软膏。对拒食的母狐，要静脉注射5%葡萄糖溶液20~30毫升，肌内注射复合维生素B液1~2毫升。母狐患乳房炎时，其仔狐要由其他健康母狐代养或人工哺乳，以保其成活。

（4）子宫内膜炎

【病因】狐在交配或产后，由于细菌感染而致病，一般交配次数较多的狐，感染的几率高。母狐产仔时产程过长或难产时，也易造成感染。

【症状】交配后患此病的种狐，多发生在交配后的 7～15 天。病初表现食欲减退或不食，精神不振，外阴部流出少量脓性分泌物。严重时，流出大量带有脓血的黄褐色分泌物，并污染外阴部周围的被毛。产后患子宫内膜炎的母狐，一般多于产后 2～4 天出现拒食，精神极度不振，鼻镜干燥，行为不安。患病母狐的仔狐虚弱，发育落后，并常常发生腹泻。经腹壁检查子宫时，子宫扩大，敏感，收缩过程缓慢。常从阴道内排出浆液性或化脓性分泌物，有时混有血液。子宫内膜炎的患狐，如得不到及时治疗，死亡率较高。本病个别病例取轻微经过，无显著临床症状。个别不良经过的病例，常并发脓毒败血症。

【防治】预防本病发生要加强狐场的卫生管理，配种前和产仔前，要对笼舍用喷灯火焰消毒，配种前对种公狐的包皮及母狐的外阴部用 0.1% 高锰酸钾或 0.3% 利凡诺接洗一次，以消除感染源。对产仔母狐小室的垫草要保持干燥、清洁，出现难产母狐要及时助产。

治疗本病可用青霉素或氟派酸等抗生素。每只每日可肌内注射青霉素 40 万单位，每日 2 次。氟派酸用量为每千克体重 1～1.5 毫升。重患狐可先用 0.1% 高锰酸钾溶液或 0.3% 利凡诺溶液清洗阴道和子宫后，再用上述药物治疗。产后患本病的母狐，也可静脉注射氯化钙 3 毫升或催产素等。

5. 神经系统疾病

（1）自咬症

自咬症是蓝狐一种常见的疾病，一般呈慢性经过，定期兴奋，在兴奋时自咬身体的某一部位，自咬的部位因个体不同而有所差异，通常是咬尾部、臀部、后肢和腹部，一般每个个体自咬的位置固定，总是咬同一部位，咬尾的不咬腿和腹部，同样咬腿的也不咬尾。自然感染病例以蓝狐最敏感，自咬后形成外伤，造成外伤感染化脓，甚至者吸收中毒，严重影响蓝狐生长发育和毛皮质量，是蓝狐养殖业中威胁较大的一种常见病。

【病因】目前，国内、外对自咬症病因没有定论。有的认为自咬症与微生物、营养缺乏、外界环境刺激有关，有人认为自咬症是风湿病，有的认为是狐肛门腺堵塞所致，有人认为是外寄生虫活痒螨引起的，有的人认为是一种恶癖或精神病。

【流行特点】自咬症一年四季均可发生，幼兽多发生在 8 ～ 10 月，潜伏期为 20 天到几个月，仔兽从 30 ～ 45 日龄即可感染发病。自咬症的发生与遗传有关，患病康复狐的后代，患自咬症的几率大大增加。本病感染途径及发病机理还没有研究清楚。

【临床症状】蓝狐发生自咬症多呈急性、反复发作，患狐发病初期发作期短，间歇期长；后期发作期长，而间歇时间短，慢性病例主要是咬断针毛和绒毛，啃秃尾巴，患部被咬破结痂，感染化脓，一般不造成死亡，但严重影响毛皮兽的生长发育和毛皮质量，急性病例表现为神经高度兴奋，在笼内转圈，疯狂的追咬自己的尾部、臀部、腹部，并发出刺耳的尖叫声，严重时咬住患处不松嘴，咬断尾巴、咬烂皮肤和肌肉、撕破腹壁，使肠管脱落，继发感染而死亡。

【剖检变化】自咬死亡的病狐尸体一般比较消瘦，后躯皮毛污秽不洁，自咬部位有外伤，有的皮毛残缺不全，内脏器官变化多数呈败血症样变化，实质脏器充血、淤血或出血。脑的变化较明显，血管充盈，脑实质有空泡变性和弥漫性脑膜脑炎变化，即海绵脑变化。

【诊断】根据典型临床症状即可确诊。

【防治】对自咬症的治疗还没有特异疗法，首先对外伤进行处理，咬伤部位用双氧水涂擦，去掉污物和痂皮，再涂以碘酊或龙胆紫。咬伤部位还要注意防蝇，喷洒低浓度的防虫药物，以防苍蝇产卵生蛆。为防止继续咬伤，用纤维板制成脖套，套在其颈部，用以挡住头部，使其不能回头自咬躯体后部，直到到打皮季节。还可给病狐喂服氯丙嗪，7~10千克的病狐每天喂2次，每次2片。另外在蓝狐养殖过程中尽量减少外界刺激，对已发生自咬症的种狐公、母及其家族彻底淘汰打皮，不再留种用。

（2）中暑

中暑是神经系统疾病的一种。是由于机体过热和阳光强热辐射引起中枢神经紊乱，血液和呼吸系统机能失调，同样伴有脑和脑膜充血的综合症，发现过迟，未采取有效措施，会造成大批死亡。

【病因】中暑多发生在7~8月，也偶见于6月下旬的气温过高时，阳光长时间的剧烈暴晒，引起全身性过热反应。饲养在低矮或隔热不良的棚舍内（如石棉瓦或油毡纸盖等）。运输过程中天气闷热，车内笼舍通风不良。饮水不足或完全失水。

【症状】中暑能引起颅内血管扩张，脑充血，脑水肿，甚至脑内溢水，有时因体温过高而引起高度神经麻痹，血液循环障碍。患狐出现体温升高，可视黏膜呈树枝状充血，鼻腔干燥，有剧渴感。病初挺直卧于产箱或运动场上，后躯麻痹，张口垂舌，剧喘，并发生刺耳的尖叫声。随之精神萎靡不振，头部震颤，全躯摇晃，有的口吐白沫，呕吐，前腹部逐渐膨胀，最后昏迷不醒，全身痉挛死亡，往往有50%的病狐死于中暑后的2~3天。也有的病狐死前食欲很好。

【防治】迅速将病狐移至阴凉和空气流通的场所，供给饮水。为使体温降低，可用冷水灌肠，也可把患狐四肢先放到冷水中，然后逐渐向全身各部浇冷水，效果较好。肌内注射强心剂尼可刹米1~2毫升，以增强心脏功能。皮下多点注射葡萄糖盐水20~30毫升。可灌藿香正气水，每只每次10毫升，仔狐减半。

预防中暑的发生，需注意以下几个方面。在夏季，尤其在炎热的中午 11～16 时，必须保证足够的饮水，必要时向笼网、地面喷洒冷水；及时遮盖被日光直射的笼舍，保证产箱通风良好；炎热的季节，养狐现场应设值班人员，密切注视群狐的动态，定时驱赶沉睡的狐；长途运输应尽量避开炎热天气，或采取相应的防暑降温措施。

（3）仔狐脑水肿

【病因】脑水肿即脑室积水，又称大头病，是一种遗传性病。

【症状】仔狐出生后头大，后脑突出，类似鹅卵，触摸时，感到十分柔软并有波动感。切开肿胀部位，流出大量液体，并形成空洞，仔狐精神沉郁，吸吮能力减弱，呈渐进性消瘦。

【防治】此病在一般条件治疗无效。在预防上应防止近亲繁殖，患狐与同窝仔狐及其双亲在年终时一律淘汰取皮。

五、病毒性传染病

1. 犬瘟热

犬瘟热（Canine Distemper，CD）是由犬温热病毒（Canine Distemper Virus，CDV）引起的一种急性、高度接触性传染病，以双相热型、白细胞减少、急性鼻炎、支气管肺炎、严重的胃肠炎和神经症状为特征，是当前蓝狐养殖业危害最大的疫病之一，给养狐业造成巨大的经济损失。

【病原】犬瘟热病毒是副粘病毒科，麻疹病病属中的一个重要成员，为不分节的负链 RNA 病毒。犬瘟热病毒多数为球形，直径大多在 100～300 纳米。这种圆形的病毒体是由 1 个直径为 15～17.5 纳米的核衣壳螺旋和 1 个厚 7.5～8.5 纳米的双层轮廓的囊膜所构成。囊膜上排列有长约 1.3 纳米矸状纤突，病毒对低温、干燥有较强的抵抗力，在干燥环境下可以存活 1 年，在 –10～14℃可存活 6～12 个月，4～7℃可存活 2 个月，室温下存活 7～8 天。在多种化学药品（0.75%～3%福尔马林、3%氢氧化钠、5%石炭酸溶液等）中很快失活，对紫外线和乙醚、氯仿等有机溶剂敏感。

本病毒存活在病狐的鼻液、唾液、眼分泌物、血液、脑脊液、淋巴结、肝、脾和胸腹水及尿中。本病毒没有型的差别，各种动物的犬瘟热病毒均可互相感染，如犬的犬瘟热可以引起狐、貉及胡的犬疽热病；反之，这些动物的大瘟热也可传染给犬积其他易感动物。

【流行特点】犬瘟热是一种急性、热性、高度接触性病毒传染病。水貂、狐、貉均为易感动物，犬瘟热一旦发生，一般呈地方性或大流行，很少有散在发生的。每年的 8～10 月是该病发生的高峰期，其流行速度极快，可能在几天之内迅速蔓延并波及全群，然后再从近至远水平传播形成地方性流行甚至大流行。一般在流行该病时，貉最先感染，其次是银黑狐、北极狐和水貂。幼龄兽、青年兽先感染，老龄兽抵抗力强，常于流行中后期陆续发病，死亡率达 90%以上。凡患过犬瘟热或注射该疫苗的母兽所产的仔兽，在哺乳期不患本病，因此期从母兽乳中得到抗体，从而获得坚强的被动免疫。该病流行的原因多与疫苗免疫失败有关。

【临床症状】其典型临床症状为双相热型，即体温两次升高，达 40℃以上，两次发热之间间隔几天无热期；结膜炎，从最初的羞明流泪到分泌黏液性和脓性眼眵；鼻镜干燥，病初流浆液性鼻汁，以后鼻汁呈黏液性或脓性；阵发性咳嗽，呈腹式呼吸；腹泻，便中带血（病的中、后期）；脚垫发炎、肿胀、变硬；肛门肿胀外翻；皮肤上皮细胞发炎、角化并出现皮屑；运动失调，抽搐，后躯麻痹（病的晚期），病兽有特殊的臭味。非典型犬瘟热一般都是由于疫苗免疫保护率低而呈现的一种亚临床症状，也发生在抗病力较强的个体上，其临床症状不明显，如仅表现高热、眼和鼻的变化。神经型犬瘟热多发生于未免疫接种兽群或首次暴发犬瘟热的兽群或发生在流行后期。

【剖检变化】病狐尸体外观眼睑肿胀，眼、鼻呈卡他性或化脓性炎症。胃肠黏膜呈卡他性炎症，胃覆盖以黏稠呈红褐色液体，常见有出血和常有边缘不整齐的糜烂和溃疡。小肠有卡他性炎症病灶，大肠的病变在直肠黏液上见有无数点状或带状弥漫性出血。肝呈暗樱桃红色，充满血液。急性经过者脾脏微肿大，呈暗红色，慢性病例脾缩小。肾被膜下有点状出血，切面纹理消失，膀胱黏膜充血，常带有点状和条状出血。心肌扩张，肌肉松弛，呈红色，有浅灰色病灶，心外膜下有出血点。脑膜血管显著充血、水肿或无可见变化。

【诊断】根据病史、流行病学资料和典型的临床症状，做出初步诊断。但确诊必须依靠病毒分离、鉴定和血清学检查等实验室诊断。

包涵体检查是诊断犬瘟热的重要辅助方法。包涵体主要存在于脾脏、胆管、胆囊和肾盂上皮细胞内。取清洁载玻片，刮取上皮细胞，研匀，制成涂片，用苏木紫—伊红染色后镜检。在胞浆内见有呈圆形或椭圆形、被染成红色的包涵体，即可确诊。此外，采用动物接种试验也是确诊本病的重要方法，血清学试验方法很多，其中，中和试验、荧光抗体法和酶标抗体法等常被选用来诊断本病。

【防治】感染犬瘟热的狐狸，立即严格隔离，离临床健康狐狸越远越好，然后对全群假定健康群（临床无症状的狐狸）立即进行紧急接种，剂量比正常接种量提高2倍，同时全群投服抗生素药控制继发感染，可选用广谱抗菌药，如庆大霉素、恩诺沙星、氟苯尼考等口服或肌注。使用抗病毒药控制病毒繁殖，使用能激活免疫系统的免疫增强剂进行辅助治疗及黄芪注射液、卡介苗等。对初期发生犬瘟热病例，选用高免血清皮下多点或静脉注射，结合使用免疫球蛋白、干扰素和转移因子。此外，据文献报导，发生犬瘟热时，静脉接种疫苗，48 小时即能获得免疫保护，但要考虑过敏反应问题，可结合使用肾上腺素控制过敏反应。每天对笼舍、地面进行一次大消毒，选用过氧乙酸和百菌消喷雾消毒，地面撒生石灰；死亡的兽做深埋或焚烧处理，禁止剥皮。当流行停止时，对笼舍、场地及一切污染的用具应进行一次彻底消毒。

2. 细小病毒性肠炎

细小病毒性肠炎是由病毒引起的接触性、烈性传染病。临床表现以呕吐、腹泻、脱水为特征的出血性肠炎，也是一种白细胞巨减的胃肠传染病，呈地方性暴发流行，死亡率高，危害性大

【病原】病原为细小病毒群中的狐细小病毒，病毒对外界环境有较强的抵抗力，能耐受仍 66℃、30 分钟的热处理。在狐的笼舍中，病毒能保持 1 年的毒力。含有病毒的组织或粪便，在冷冻状态下，其毒力可保持 1 年不下降。煮沸能杀死病毒；0.5%甲醛和 3%苛性钠，在室温下 12 小时可使其失去活力。

【流行特点】本病多发生在 2~6 月龄的狐，病毒对狐狸的感染不分品种和季节，发病率可达 50%~60%，病死率最高能达到 90%。本病传染源主要是患病狐或康复后带毒狐。病毒通过消化道和呼吸道进行传染，也可通过病兽的粪便、尿和唾液污染的饲料、饮水、用具及环境而感染。本病多呈地方性暴发流行。如果不采取有效措施，到翌年仔狐分窝前后，可引起幼狐再度发病。

【临床症状】本病的潜伏期一般为 4~9 天；急性经过者发病第二天出现死亡，4~14 天为死亡高峰期，15 天后多转为亚急

性或慢性。其典型症状是剧烈腹泻，病狐白细胞显著减少。病初期，精神沉郁，被毛蓬乱，渴欲增加，偶尔出现呕吐，水样粪便，呈黄灰白色、黄灰绿色，恶臭。后期粪便中混有黏液和气泡，或呈粉红、暗红色脓血便，或呈煤焦油状，往往混有血丝。早期鼻镜干燥，拒食，高热，体温 40～41.5℃，后期尿呈黏稠茶色，卧笼不起，消瘦，进而衰竭、麻痹、痉挛而死。康复后再复发者，多数预后不良。

【剖检变化】剖检见胃肠呈卡他性炎症，肠内可见到暗红色血样内容物，从外观看呈血肠样；有的患狐肠内容物呈绿色水样；亚急性和慢性经过者肠壁有纤维素样坏死病灶。多数肠系膜淋巴结肿大，脾肿大。胆囊内胆汁充盈，肝呈土黄色，质地软弱。

【诊断】根据流行病学，临床症状，以及病狐白细胞锐减等，可做出初步诊断，但确诊应进行特异性的微量血凝和血凝抑制试验。

【防治】

1. 疫苗免疫接种

预防细小病毒性肠炎的发生，免疫接种是最有效的途径。目前，我国制造的病毒性肠炎灭活疫苗免疫期为 6 个月，为了从根本上预防本病，对健康狐必须每年 2 次（分窝后的仔狐和种狐，7 月份 1 次，留种狐在 12 月末或翌年初 1 次）预防接种病毒性肠炎疫苗。当发生流行时，对全群兽立即紧急接种，一般在接种后 7～15 天流行即停止。由于细小病毒肠炎疫苗为灭活疫苗，因而对处于潜伏期感染兽（带毒，但未出现症状）注射疫苗后也能起到免疫保护作用，而不会像活疫苗那样紧急接种后将出现一段死亡高峰现象。另外，要加强狐场卫生管理，注意防疫工作，不要让野猫、野犬进入狐场。

2. 对症治疗

1）对早期发病的狐及时治疗，肌内注射犬用免疫球蛋白注射液，幼狐 1 支/天，成年狐 2 支/天，连续注射 2～3 天，可配合抗病毒、抗菌消炎、止血、止呕等药物综合治疗；2）应用犬五联血清：幼狐 2 毫升/天、6～8 月龄狐 4～7 毫升（次·天），8～12 月龄狐 7～9 毫升（次·天），连用 3 天；3）补液疗法：连续补液是治好本病的唯一措施。口服补液盐（葡萄糖 20.0 克，氯化钠 3.5 克，碳酸氢钠 2.5 克，氯化钾 1.5 克，加水 1 000 毫升）或应用复方氯化钠加入 5% 碳酸氢钠注射液静脉输液，为防止心肌炎，将三磷酸腺苷、辅酶 A、细胞色素 C、磷霉素溶于 5% 葡萄糖溶液中静脉注射，可减少死亡率。根据脱水程度决定补液体量的多少和次数；4）抗病毒药：应用血清圆蓝联抗（主要成份为黄芪多糖注射液）0.2 毫升/千克、1 次/天、连用 3 天；犬猫康（复方氟嗪酸注射液）0.2 毫升/千克、2 次/天、连用 3 天；双黄连 0.3 毫升/千克、2 次/天、连用 5～7 天；5）抗菌消炎药：选用磷霉素钠 30 毫克/天，连用 3～4 天；氯霉素 10 毫克/千克，2 次/天，连用 4～5 天；硫酸庆大霉素 1.5 毫克/千克，2～3 次/天，连用 3～4 天；6）止吐药：选用溴米因注射液 0.5 毫升/（千克·天），肌内注射，不吐为止；也可口服止吐灵、胃复安；7）止血药：便血严重时，可肌内注射 VK 3.5 毫升，1～2 次/天，连用 2～3 天，或用止血敏 4～6 毫升/（次·天），连用 2～3 天；8）止泻药：根据病情，可注射止泻灵 0.5 毫升/（千克·天），剂量可适当加减，不泻为止。也可用精制动物口服利凡诺（1 千克体重口服 1/3 粒），磷霉素钠、磺胺脒、痢特灵等。

患细小病毒性肠炎的毛皮动物于出现症状后的第 3～5 天，从粪便中大量向外界排毒，因此及时清除粪便并做适当的深埋和生物发酵是十分必要。对笼舍地面每天应进行 1 次喷雾消毒。

3. 狂犬病

狂犬病俗称疯狗病，是多种家畜、野生动物和人共患的接触性急性传染病。以中枢神经系统活动障碍为主要特征的急性病毒病。病毒通过咬伤传递给毛皮动物，最终通常以呼吸麻痹而死亡。

【病原】该病是由狂犬病病毒引起的，狂犬病毒为弹状病毒属嗜神经病毒。病毒粒子 100～150 纳米。在中枢神经细胞内，形成脑浆内包涵体（尼基式小体）。狂犬病毒对酸、碱、福尔马林、升汞等消毒药物敏感。用 1%～2% 的肥皂水、43%～70% 的酒精、0.01% 的碘液等都能杀死病毒。该病毒不耐湿热，50℃加热 15 分钟、60℃加热 10 分钟都能杀死病毒。紫外线和 X 射线也能杀死病毒。但病毒能耐低温，在冷冻或冻于状态下可长期保存，在 4℃时或在 50% 的甘油缓冲液中能存活 1 年。

【流行特点】在自然条件下，所有家畜包括家禽，对狂犬病毒均易感。在笼养条件下的狐，多半由于患病的犬和其他动物跑入养殖场内与其接触或被咬伤引起感染；也可能通过接触带病毒污染物（飞沫、尘埃、食物）而感染。本病一年四季均可发生，多呈散发，但在春秋季节发生较多。

【临床症状】狐的狂犬病与犬一样，经过多为狂暴型。病程可分为 3 期，前驱期：呈短时间沉郁，不愿活动，不吃食，此期不易察觉；兴奋期：攻击性增强，性情反常的凶猛，猛扑各种动物，咬、扒、撕笼内物品，病狐损伤自己的舌、齿、齿龈，折断下牙，流涎增强，腹泻，有时延长到死亡；后期：病狐经常反复发作，或狂躁不安，或躺卧呻吟，流涎，腹泻，有的病狐出现下颌麻痹，病程 3～6 天，随后麻痹过程增强，表现为后躯摇晃以及后肢麻痹。体温下降，无意识躺卧，在痉挛和抽搐中死亡。

【剖检变化】病理变化主要见于胃肠和大脑内。胃肠黏膜充血或出血，在大脑内由于血管被血液高度充盈及扩张而呈现出血，脑室内液体增多，脑组织常发观点状出血。肝呈暗红色，松弛；脾微肿大，有时可能比正常大 2～3 倍，肾内发现贫血，皮层和髓层界限消失。有的病例肺内出血。

【诊断】根据临床症状出现高度兴奋，食欲反常，后躯麻痹，并有过野犬窜入狐场内的事实，可初步怀疑为本病。如果在脑组织中检查出包涵体是最准确的确诊指标。

【防治】本病目前无治疗方法。一旦发现狐被犬咬伤，在未出现典型临床症状的，可以强制接种狂犬病疫苗；当出现症状时，则无法救治，只有扑杀以消灭传染源。对死亡于狂犬病的尸体，禁止从尸体上取皮。对可疑患病的尸体一律烧毁。另外养狐场的工作人员要进行抗狂犬病疫苗的接种。

4. 伪狂犬病

伪狂犬病又称阿氏病，是由伪狂犬病毒引起的家畜、经济动物和野生动物等多种动物共患的一种急性传染病。特点是侵害中枢神经系统和皮肤瘙痒。

【病原】伪狂犬病毒属于疱疹病毒科病毒，病毒粒子的直径 100～150 纳米。病毒主要存在于病畜的脑、鼻液、血液、水肿液、乳汁及脏器中。病毒对外界抵抗力较强，在 50% 甘油中，在 0℃ 环境下可保存数年；在肺水肿渗出液中的病毒于冰箱中可存活近 800 天；在污染的圈舍、干草上能存活 1 个月，在肉类品中可存活 5 周以上。但用 5% 石灰乳、0.5% 碳酸钠溶液或 0.5% 盐酸溶液消毒，1 分钟就可以杀死病毒。

【流行特点】猪是伪狂犬病病毒的自然宿主，病猪和病后的带病毒猪是本病的主要传染源。蓝狐对该病非常易感，当饲喂患有此病的末熟制的动物肉，尤其是病猪肉及其副产品而患上此病。另外，在被污染的场所也可经呼吸道黏膜、损伤皮肤、交配、哺乳等发生感染。此病发生没有季节性。该病毒侵入狐体后，潜伏期为 6~12 天，该病的发生没有季节性。但以夏、秋季多见，常呈暴发流行，初期死亡率高。当排除污染饲料成分以后，病势很快得到控制。

【临床症状】该病的特征是发热、奇痒以及表现为脑脊髓炎症状，一般都在急性经过之后以死亡告终。病狐体温升高，精神沉郁，拒食，在笼内转圈圈，行动缓慢，呼吸加快，继而出现严重搔痒，常用前肢搔抓颈部、唇、颊部的皮肤，常咬笼子和食具等；由于中枢神经损伤严重和脑脊髓炎症，引起肢体麻痹或不完全麻痹，接着食欲废绝，流涎呕吐，对外界刺激的反应极为敏感，眼裂和瞳孔收缩，抓咬身体，但绝不攻击人和其他动物（这是区别狂犬病的重要依据），最后倒下死亡。

【剖检变化】病死狐抓咬部位皮肤无毛，皮下组织血性胶样浸润。腹部膨胀，叩之鼓音。血凝不全，呈黑紫色。心扩张，冠状血管充血、心包腔内有少量渗出物，心肌呈煮肉状。胃黏膜充血，有的被深褐色黏膜覆盖。肠道充满气体或食物，肠黏膜充血，有时黏膜为急性卡他性炎症。

肺塌陷，呈暗红色或淡红色。在胸膜下深部有时可以见到斑点状出血。从切面流出黑紫色静脉血液或带有血泡沫样淡红色血液。在淤血性充血的部位上能辨识出较硬固的暗红色或黑红色部分，此病变组织无气体，沉于水内。支气管和纵隔淋巴结稍微红肿。

肝增大不明显，彩色背景下呈现不均衡的深红色或黄褐色，硬度松软。在肾脏莢膜下发现少量的点状出血，切面上皮层和髓层间的界线消失，髓层为深红色。胆囊黏膜常有出血点。脾脏肿胀，深红色，莢膜拉紧。甲状腺水肿，呈胶质样，贯以点状出血。大脑血管充盈，脑实质稍呈面团状。

【诊断】根据流行病学、临床症状、病理解剖进行综合分析，只能做出初步诊断，最后确诊必须依靠生物试验。方法是采集病兽的脑、肺、脾，用生盐水制成 1:5 的稀释液，离心后取上清液 1~2 毫升给试验兔作皮下或肌肉接种。家兔接种后 1~5 天出现明显搔痒和兴奋病状，搔抓头部，造成脱毛和损伤，最后死亡即可确诊为狐的伪狂犬病。

【防治】目前本病尚无特效治疗方法。兽群一旦发病应立即将可疑饲料更换为新鲜、易消化、营养全价和适口性强的饲料，同时用抗菌药物控制本病出现续发感染症。

为预防本病的发生，必须加强对饲料检查，猪的副产品应熟喂，严禁喂来源不明的饲料。当狐场发生伪狂犬病时，应立即排除可疑的饲料，对病兽进行隔离饲养观察，对污染现场的笼舍和用具进行彻底消毒。使用伪狂犬病—肉毒梭菌—狂犬病三联苗预防接种。

5. 狐脑炎

又称狐传染性肝炎，是由狐狸脑炎病毒引起的狐狸的一种急性热性传染病。以中枢神经系统损害、伴发兴奋性增高和癫痫性发作为特征的急性败血性病毒病，常呈地方性流行。本病广泛分布于世界各国。

【病原】狐脑炎是由狐腺病毒又称狐脑炎病毒引起的，它属于腺病毒科、哺乳动物腺病毒属的传染性肝炎病毒。病毒粒子呈圆形或卵圆形，大小在 20~30 纳米。病毒抵抗力较强，耐酸和乙醚，在室温下可存活 2~3 个月，能耐 70% 乙醇的处理。在直射日光下气温 25℃ 30 分钟可灭活，但在低温和干燥下能存活 1 年。4% 来苏儿、2% 氢氧化钠等消毒药，对其均有杀灭作用。病毒对内皮细胞和肝细胞有亲和力，在细胞内形成核内包涵体，在脏器组织中可存活 4~6 个月，在病兽排泄物中能存活几个月，动物感染本病后，可获得长期免疫力。

【流行特点】狐对本病的易感性大，各种不同年龄的狐狸都能感染本病，幼龄狐发病率显著高于老龄狐。特别是3～6月龄的幼狐最易感，病死率为10%～20%，成年狐有较强抵抗力，但在饲养管理不善，狐机体抵抗力降低的情况下也可发病。带毒病狐是主要传染源，其鼻、咽分泌物中带毒，可通过狐打喷嚏、咳嗽散播，并以空气为媒介经呼吸道感染其他狐；也可通过污染的饲料经消化道传染。此外，污染的饲养用具（特别是食具）也是重要的传播媒介。

本病多呈散发，有时呈地方性流行。无明显的季节性，夏季、秋季（7～10月）幼狐较多。在流行初期，病狐死亡率高，至中、后期死亡率逐渐降低，主要传播途径为消化道及损伤的皮肤和黏膜，哺乳期母狐带毒可传染给胎儿和仔狐，饲养密集，最易传播本病。

【临床症状】本病的潜伏期为2～6天。狐常表现为突然发病，病程不超过24小时，以体温升高、呼吸道和肠道黏膜呈现卡他性炎。本病在仔狐常突然发作死亡。亚急性型的表现精神沉郁，食欲减少或废绝，病狐躺卧，站立不稳，步态摇晃，后肢虚弱无力，体温出现弛张热。病狐迅速消瘦，可视黏膜苍白或黄染，后肢不全麻痹或麻痹。个别病例出现一侧或两侧性角膜炎。由于体温升高，心血管系统功能紊乱，心跳每分钟100～120次，脉搏节律失常，细弱。病狐兴奋和抑郁交替出现，隅居笼内一角或产箱内，喂食时表现攻击性，有的病狐高度兴奋，全身肌肉呈痉挛性收缩，全身或局部麻痹及昏迷状态，抽搐时病狐牙关紧闭，口吐白沫，流鼻汁。成龄狐病势较缓和，虽然也可见到神经症状，但较轻，病程长，死亡率比幼狐低。病后幸存的狐往往留有后遗症，如不时做圆圈运动，生长发育缓慢，毛皮质量降低等。自然康复或经治愈后常留下后遗症，如角膜混浊，转圈运动等。本病在养狐场可持续存在多年。

【剖检变化】急性经过的尸体内脏器官出血，出血常见于胸腔和腹腔的浆膜面和胃肠道的黏膜上，偶见骨骼肌和膈肌有出血点。肝肿大、充血、出血，呈暗紫红色或土黄色，切面有上述色调的血液流出。大脑血管充盈明显可视。

亚急性的可视黏膜腹股沟苍白或黄染，骨骼肌呈淡红色或淡黄色，胸部、腹股沟部及腹部皮下结缔组织胶样浸润和出血。在胸腔内有少量淡玫瑰色或淡黄色渗出液。肝脏呈樱桃红色，切面有血液流出；肾脏增大，被膜下有点状或条状出血，切面混浊。胃肠黏膜潮红、肿胀，常呈条状出血。胃内容物混有煤焦油样黏稠的内容物，胃黏膜上有形状不整、大小不等的溃疡灶。肠黏膜增厚，附有黏液。甲状腺增大 2～3 倍，有出血点，周围胶样浸润、水肿。心脏有浆液性心包炎。肺脏可见散在的炎性气肿区。

慢性病狐在肠黏膜下常出现散在的新旧不同的出血点，肝脏肿大，脂肪性营养不良（变性），质脆，呈豆蔻样。

【诊断】根据临床症状，结合流行病学和解剖症状，可以做出初步诊断。最终确诊还需要实验室检查。常用的实验室检查与血清学检查方法主要有病原分离、血清学中和试验、皮内反应。此外，免疫荧光抗体技术、间接血凝、炭凝集法也可以用于本病的诊断。然而，比较有实用价值的是用免疫荧光抗体检查扁桃体涂片和肝脏涂片，或用活组织标本染色检查核内包涵体或病毒（抗原），可提供比较确实的早期诊断方法。

【防治】预防：加强饲养管理、搞好防疫卫生，还应进行预防接种，是行之有效的预防本病的根本办法。每年定期接种 2 次狐脑炎弱毒疫苗，间隔 6 个月免疫一次，狐接种后 14 天产生免疫力，可有效预防该病的发生。目前这种疫苗与犬瘟热、细小病毒性肠炎制成三联疫苗，试验结果未发现有弱毒之间的免疫干扰现象。为防止犬传染性肝炎和狐脑炎能发生交叉感染，在养狐场应注意不要让犬接触狐。当发生狐传染性脑炎时，应将病兽和可疑病兽隔离、治疗，直到取皮期为止。对污染的笼具应进行彻底消毒。地面用 10%～20% 漂白粉或 10% 生石灰乳消毒。被污染的养殖场到冬季取皮期应进行严格兽医检查，精选种兽。对患过本病或发病同窝幼兽以及与之有过接触的毛皮动物一律取皮，不能留作种用。

治疗：初期发热，可用血清进行治疗，以抑制病毒的繁殖扩散；但在病的中后期应用血清治疗，效果均不理想。此外，丙种球蛋白也能起到短期的治疗效果。对急性脑炎病例无效。为防止继发感染可选用乳酸环丙沙星和庆大霉素控制，还可给病兽注射维生素 B_{12}，成年兽每只注射量 350～500 微克，幼兽每只注 250～300 微克，持续给药 3～5 天，同时随饲料给予叶酸，每日每只 0.5～0.6 毫克，持续喂 10～15 天。

六、细菌性传染病

1. 阴道加德纳氏菌病

狐阴道加德纳氏菌病是我国近年来发现的人、畜及毛皮兽共患的细菌性传染病。能导致母兽阴道炎、子宫颈炎、子宫内膜炎，公兽的睾丸炎、附睾炎，引起母兽流产和空怀，公兽性功能减退、死精、精子畸形等。

【病原】病原体为阴道加德纳氏菌，在患狐流产的胎儿中或阴道的分泌物中均可分离到。本菌染色有可变性，但多为革兰氏染色阴性，形态为等球杆、近球或杆状，（0.6～0.8）微米×（0.7～2.0）微米，排列呈单个、短链、八字形，无荚膜，无芽胞，无鞭毛，没有运动性。本菌对营养要求较为严格，常用兔血胰蛋白琼脂培养基，于 37℃、48 小时，长出光滑、湿润、微凸起透明小菌落，呈 β 溶血。

【流行特点】该病主要传染源是病狐和患有该病的动物。调查结果表明，蓝狐为易感动物，其感染率0.9%~21.9%；流产率1.5%~14.7%；空怀率3.2%~47.5%。该菌能感染人，人狐间能互相感染。传播方式主要是通过交配，传染途径主要经生殖道或外伤，也可通过接触传染，如通过狐场工具（抓狐钳、手套等）和饮食用具传染。患病动物的尿、粪污染的饲料和饮水也是传播途径之一。蓝狐较其他狐感染率高；母兽比公兽高；成年狐较合成幼龄狐感染率、空怀率和流产率高；老养狐场较新建养狐场感染率高；配种后期感染率明显上升，最高可达群的50%以上。

【临床症状】本病有明显的季节性，多在春季交配期发生，成年狐发病率高于幼龄种狐。

蓝狐感染加德纳氏菌后，主要引起泌尿生殖系统症状。母狐感染本病主要表现为阴道炎、子宫炎、卵巢囊肿、尿道感染、膀胱炎、肾周围脓肿等，因此造成空怀和流产。发病狐场在配种后不久，在母狐妊娠后20~45天出现妊娠中断，表现流产或胎儿吸收，流产前征兆为母狐外阴流出少量污秽不洁的恶露，流产后1~2天内体温升高，精神不振，食欲减退，随后恢复正常。病情严重时，表现食欲减退，精神沉郁，狐卧在笼内一角，其典型特征是尿血（葡萄酒样），后期体温升高，妊娠狐排出煤焦油状死胎、烂胎，最后败血而死。发病规律明显，以后每年重演，病势逐年加剧，狐群空怀率逐年增高。公狐感染常发生包皮炎、前列腺炎、死精及畸形精子等，表现食欲减退，消瘦，性欲减退或丧失交配能力，个别公狐发生睾丸炎和关节炎。因此，导致养狐场大批母狐不孕和流产，严重影响繁殖力，给养狐业造成重大损失。

【剖检变化】死亡母狐剖检发现阴道黏膜充血肿胀；子宫颈糜烂，子宫内膜水肿、充血和出血，严重发生子宫内膜脱落；卵巢常发生囊肿，膀胱黏膜充血和出血。公狐常发生包皮肿胀和前列腺肿大。病理剖检发现，主要病变发生在生殖系统和泌尿系统。其他系统无明显变化。

【诊断】临床诊断主要表现为化脓性子宫内膜炎症状。病理剖检诊断主要表现子宫内膜充血、出血和黏膜脱落，胚胎糜烂，并流出黄绿色或黑绿色臭味液体。

细菌学诊断是确立诊断的依据，将阴道分泌物涂片后染色，在显微镜下观察可见菌体呈革兰氏染色阴性或染色不定小杆菌或球杆菌，着色不均匀，排列呈多态性，无鞭毛荚膜和芽孢。菌体在普通培养基上不生长。37℃微氧环境中培养48小时，菌落为灰白色，凸起，细小半透明，光滑，形似露滴状，无黏性。在人或狐血琼脂平皿上出现溶血环。用蛋白胨淀粉葡萄糖（PSD）琼脂，吐温80血液双层琼脂（HBT）、5%绵羊血TSA或麦康凯琼脂等培养基培养，5%~10%CO_2、35℃孵育48小时，不出现溶血现象。

PCR技术具有高度的特异性和敏感性。根据加德纳氏菌基因序列中IIS-23srRNA基因区设计并合成特异性引物，应用PCR扩增阴道分泌物中的加德纳氏菌，取扩增产物，做琼脂糖凝胶电泳，于紫外光下观察结果，出现433bp扩增带，检测结果为阳性。

虎红平板凝集检测方法是用阴道加德纳氏菌虎红平板诊断抗原进行检疫，操作简便，准确而快速，操作如下。取一洁净玻板，划出4厘米×4厘米方格，标上待检血清编号，用微量加样器更换吸头吸取各被检血清30微升，分别加在与编号对应的方格中央，然后于各血清方格内加入室温预热0.5小时并经充分振荡的抗原30微升，分别用牙签搅拌，使抗原与血清充分混合，于凝集箱上适当预热，3~5分钟内判定结果。每板各设标准阴性、标准阳性血清及抗原对照。判定标准。"++++"，抗原与被检血清 100% 凝集，很快出现大的凝集块，液体完全清亮；"＋＋＋"，有 75% 凝集，出现较快，液体几乎透明；"＋＋"，有 50% 凝集，出现较慢，液体半透明；"＋"，仅有 25% 粒状凝集，出现迟缓，液体混浊。"－"，不出现任何凝集颗粒，液体均匀混浊。感染的最终判定，凡出现"＋＋"以上凝集者判定为阳性。

【防治】预防：阴道加德纳氏菌佐剂灭活疫苗是预防狐感染的最有效制品。该疫苗安全，免疫期为 6 个月，保护率达 90% 以上，每年定期免疫 2 次，可控制该菌感染。对检疫为阳性的狐，因已经感染加德纳氏菌病，此时注射疫苗无效，通常对检疫阳性兽采取隔离饲养，至冬季取皮淘汰或以药物治疗一个疗程（3～5 天），可完全将体内菌杀死，但加德纳氏菌体体尚存，待过 15～30 天，体内残存抗体已基本消失，再注射疫苗预防，即能达到有效保护，这样的兽仍可作种用。

治疗：通过 30 株狐阴通加德纳氏菌药敏试验证明，该菌对氯霉素、氨苄青霉素、红霉素及庆大霉素 100% 敏感；对磺胺、金黏菌素、多黏菌素不敏感。因此，临床常选用氯霉素和氨苄青霉素对病狐进行治疗，其治愈多达 99%。

2. 巴氏杆菌

又名出血性败血症，是由多杀性巴氏杆菌引起的一种急性败血性传染病。本病以败血症和出血性炎症为主要特征，慢性经过可表现为皮下组织、关节、各脏器的局灶化脓性炎症。常呈地方性流行，给狐饲养业带来很大的经济损失。

【病原】狐狸巴氏杆菌病的病原体均为多杀性巴氏杆菌，为革兰氏染色阴性的球杆菌。组织涂片染色两极浓染，没有鞭毛和芽孢及明显的荚膜。在培养基呈圆形或不定长度的杆菌。本菌抵抗力不强，70～90℃ 时经 5 分钟被杀死，煮沸后立即死亡，但

在 -79℃时冷冻而不死亡。在腐败组织及土壤内能存活 3 个月，在粪便内存活 14 天以上，在谷粒内能存活 44 天。各种消毒药能很快杀死本菌。1∶5 000升汞和5% 石炭酸 1 分钟内杀死，3% 来苏尔、1% 石灰乳和 1% 漂白粉溶液经 3～10 分钟杀死，2%～3% 福尔马林 3～5 分钟即能达到消毒的目的。

【流行特点】巴氏杆菌，对许多动物和人均有致病性，狐以 2～3 月龄的仔兽多发。主要传染来源是被患有巴氏杆菌病的动物所制成的饲料，尤其是禽类屠宰后的副产品喂狐狸最危险。被巴氏杆菌污染的其他饲料和饮水亦能引起发病。带菌禽类进入兽场是重要的传染因素。一般的情况下，不同畜、禽种间不易相互传染，但家禽，特别是鸭群发病时多呈流行性，狐狸有时也暴发流行。本病主要通过呼吸道和消化道感染，也可经损伤的皮肤、黏膜感染。患病畜、禽和兔等肉类饲料，尤以兔、禽类（鸭肝、鸡肝）类副产品最危险。带菌的禽、兔进入狐场，或混养在一个狐场内，是传染本病的重要原因。故养狐场内切忌狐、兔、鸡、鸭混养。

病的发生，一般无明显的季节性。但以冷热交替、气候剧变、闷热、潮湿、多雨的春、夏和秋季多发病较多。本病一般为散发性。促进本病发生和发展的因素很多，凡是引起机体抵抗力下降的诸因素多是发病的诱因。如长期不全价饲养，动物卫生条件不好，兽医卫生制度不健全，各种维生素缺乏等都会促使本病的流行。另外，长途运输和天气骤变也会使机体抵抗力降低，促进本病的发生和发展。

【临床症状】狐巴氏杆菌感染潜伏期为 1～5 天，临床上常见最急性、急性和慢性型 3 种，其中的最急性和急性较多。一般病程为 12 小时到 2～3 昼夜，个别有达 5～6 天者。死亡率为 30%～90%，病流行初期死亡率不高，经 4～5 天后显著增加。超急性经过的病例临床上往往见不到任何症状而突然死亡。最急性型和急性型变现为发病突然，体温升高，精神委顿，食欲减退或废绝，饮水量增加，缩颈闭眼，尾巴无力而下垂，呈瞌睡状，依笼坐立或站立，呕吐，腹泻，血痢。呼吸困难，病重狐呈犬坐状，可以听到有喘鸣音，出现急性纤维素性胸膜肺炎以及支气管肺炎，最终多呈败血症或出现神经症状、痉挛和不自觉的咀嚼运动，常在抽搐中死亡。慢性型常出现典型的鼻炎症状，鼻分泌物增多，由浆液性发展成为黏液或化脓性，并出现咳嗽，打喷嚏，精神沉郁，食欲下降。

【剖检变化】巴氏杆菌感染最急性型主要是败血症变化，黏膜、浆膜、实质器官和皮下组织大量出血。急性型除具有败血症表现外，主要是出现纤维素性肺炎，出血性肠炎、肝、肾变性。慢性型表现为尸体消瘦，贫血，内脏器官有不同程度的坏死，肺部较明显，胸腔有积液和纤维素沉着。濒死狐剥皮后，全身多处黏膜和皮下组织有大量出血点。颈部咽喉坚硬、发热、红肿，并延至耳根，周围结缔组织有大量出血点。浆膜层渗出性浆液性水肿。心脏内外膜均有出血点，冠状沟脂肪也可见有针尖状出血点。全身多处淋巴结肿大出血，切面有红色珠状液体渗出。肝表面有点状出血，背面肿胀明显，腹面大面积发生脂肪变性坏死，坏死处呈淡黄色，切面有淡红色液体溢出。肾脏被膜下有针尖状出血点，肠系膜淋巴结肿大，甲状腺也肿大。

【诊断】流行病学和病理解剖可以作为诊断的依据，为进一步确诊，必须做细菌学和生物学试验。因为狐巴氏杆菌病与其他传染病类似，有时是混合感染。故要做好类症传染病的鉴别诊断。细菌学检查，从病尸心血、肝被膜上和脾等压片、涂片，能检出两端钝圆、两极浓染革蓝氏阴性小杆菌，细菌培养为阳性，生物学试验有毒力。在进行细菌学检查时，应注意的是：由于巴氏杆菌为条件性细菌，在正常动物体内大多也有巴氏杆菌存在，因此，只发现巴氏杆菌还不能定为巴氏杆菌病，还必须进行动物实验。即将从濒死期或刚死亡不久的狐狸的血、肝、脾等病料制成 10 倍稀释乳剂给小白鼠或健康家兔接种，如 18～24 小时接种动物发病死亡，并从实验动物内脏器官内分离到巴氏杆菌，才能最后确诊。

【防治】预防：加强饲养场的卫生防疫工作，改善饲养管理，特别是喂兔肉加工厂的下杂物，仔猪、羔羊和禽类加工厂的下杂物（鸭肝、鸡肝等），这些动物的巴氏杆菌病最多，最易引起动物发病。所以，均应认真加温蒸煮、熟喂，不得马虎。当阴雨连绵、或秋冬季节交替的时候，一定要加强饲养管理，注意食具和小箱内的卫生。切忌狐和兔、鸡、鸭、猪、狗等混养在一个场地里，以防相互传染造成损失。对死亡动物剖检，必须在指定场所进行。不许在饲养区内剖检动物。诊断出有传染病的可疑动物被隔离后，不应再归回原动物群内，直至出场销售为止。每年可定期注射巴氏杆菌疫苗，能收到预防本病的效果。

治疗：即发病早期使用抗菌药物，用青霉素、头孢、复方新诺明，阿米卡星、磺胺类、氧氟沙星等喹诺酮类药物拌料均有一定的疗效。还可以肌内注射氟苯尼考，痢菌净等药物。严重脱水的可补液补糖，为预防酸中毒可用碳酸氢钠。

3. 沙门氏菌病

沙门氏菌病又称副伤寒，是狐的急性传染病，具有明显的季节性，多发生在 6～8 月，蓝狐极易感染。多数病例是由饲料而传染，主要为急性经过，并且主要侵害 1～2 月龄仔狐，哺乳期仔狐少见，本病的主要特征是发热和下痢，体重迅速减轻，脾脏显著肿大和肝脏的病变。母狐妊娠期发生本病时，由于子宫感染，常发生大批流产或产后 1～10 天仔狐发生大量死亡。主要呈地方性流行，严重危害狐狸饲养业。

【病原】沙门氏菌病的病原体是沙门氏菌，本菌为粗短的杆菌，长1~3微米，宽0.4~0.6微米，两端钝圆，不形成荚膜和芽胞，多能运动，具有周身鞭毛为革兰氏阴性。

本菌在普通培养基上能生长，为需氧兼厌氧性菌。在肉汤内培养，培养基变浑浊，后生成沉淀；在琼脂培养基上24小时后生成光滑、微隆起、圆形、半透明的灰白色小菌落。

沙门氏菌能发酵葡萄糖、单奶糖、甘露醇、山梨醇、麦芽糖产酸产气，但不能发酵乳糖和蔗糖。

本菌抵抗力较强，60℃经1小时，70℃经20分钟，75℃经5分钟死亡，对低温有抵抗力，琼脂培养物于-10℃经115天尚能生存。在干燥的土壤和沙内可生存2~3个月。在干燥排泄物中可保存4年之久；在1：1 000升汞、1：500福尔马林、3%石炭酸溶液中15~20分钟可杀死。从狐狸分离的沙门氏菌，绝大多数与家畜致病的沙门氏菌在培养和生化及血清型上没有差别，但少数略有不同。

【流行特点】在自然条件下，蓝狐易感。被沙门氏菌污染的饲料是蓝狐主要的传播来源。患有隐性沙门氏菌病的家畜肉类最危险，由于常从淘汰的家畜肉中检验出对毛皮兽致病力很强的沙门氏菌，如肠沙门氏菌、鼠副伤寒沙门氏菌和猪霍乱沙门氏菌等。当狐机体抵抗力下降时，容易暴发本病，可在短期内波及全群。本病具有较高的死亡率，一般可达40%~65%。

本病的发生常呈散发流行，常见带仔母狐成窝发病。个别狐场沙门氏菌病每年都流行一段时间。沙门氏菌病的流行具有明显的季节性，一般发生在6~8月，饲养管理不当如饲养密度过大、缺乏全价饲料、饲料变质、卫生防疫不合格等以及动物患有感冒、胃肠炎症等，能促进本病的发生和发展。另外，仔狐换牙期发生侵袭病（蛔虫、钩虫等），仔狐断乳期饲料质量不良，使机体抵抗力下降，也可能成为暴发本病的诱因。成年狐狸对本病较有抵抗力，多发生在夏季，冬季地方性流行很少。

【临床症状】自然感染时潜伏期为 3～20 天，平均为 14 天。人工感染时潜伏期为 2～5 天。

根据机体抵抗力及病原毒力，本病在临床表现多种多样，大致可区分为急性、亚急性和慢性 3 种。当急性经过时，病兽拒食，兴奋不久代之以沉郁。体温升高到 41～42℃，轻微波动于整个病期，只有在死前不久下降。多数病兽躺卧于小室内。走动时背弓起，两眼流泪，沿笼子缓慢移动，有时发现呕吐，常发生下痢，并在昏迷状态下死亡。一般经 5～10 个小时，或延长至 2～3 天死亡。

亚急性经过时，主要表现胃肠机能高度紊乱，体温升高到 40～41℃，精神沉郁，呼吸浅表频数，食欲丧失。病兽被毛蓬乱无光，眼睛下陷入神，有时出现化脓性结膜炎。少数病例有黏液性化脓性鼻漏和咳嗽。病兽很快消瘦、下痢，稀有呕吐者。粪便变为液状或水样流出，混有大量卡他性黏液，个别混有血液。四肢软弱大力，特别是后肢，常躺卧，起立时后腿支持不良，时时停留，仿佛沉睡，病的后期出现后肢不全麻痹。在高度衰竭情况下 7～14 天死亡。

当慢性经过时，病兽食欲不好，胃肠机能紊乱、下痢，粪便常混有卡他性黏液，进行性虚弱、贫血、出现化脓性结膜炎，眼下凹。被毛松乱、失去光泽及集结成团。病兽大多躺于小室内，很少走动。行走步态不稳，缓慢前进，在极度衰竭时，经 3～4 周死亡。

在配种期和妊娠时发生本病时，母兽大批空怀和流产，空怀率达 14%～20%，流产达 10%～16%，同时，出生仔兽在 10 天内大批死亡，死亡数占出生数的 20%～22% 多数病例在正常产仔期前 3～14 天流产。有的母兽无任何症状而流产，其他母兽发现轻微沉郁及几次拒食。哺乳期仔兽患病时，表现虚弱，不活动，吸乳无力，常发现同窝仔兽沿整个窝分散开。有时发生昏迷或抽搐，呈侧卧、游泳样运动。个别仔兽肌肉发生抽搐性收缩，发出微弱呻吟或鸣叫，常打呵欠.无临床症状而突然死亡者很少。胎盘感染时，仔兽生下发育落后或发育不良。病程为 2~3 天，稀有达 7 天者、大多数（90%）以死亡告终。

【剖检变化】主要表现为黏膜明显黄疸，在皮下组织、骨骼肌、浆膜和胸腔器官也常见黄疸。肝脏肿大，颜色不均匀，切面多汁外翻，胆囊肿大，内充满黏稠的胆汁。多数病例脾脏高度肿胀，增大 6~8 倍，个别病例增大 12~15 倍，呈暗红色，切面多汁。纵膈、肝门和肠系膜淋巴结显著肿大，触摸柔软，呈灰色或灰红色，切面多汁。肾脏稍肿大，在包膜下有无数点状出血。膀胱常空虚，黏膜上有点状出血。胃内空虚，黏膜肿胀变厚或有溃疡。

【诊断】根据流行病学、临床症状和病理解剖变化，可做出初步诊断。最终确诊，要进行细菌学检查。可从死亡动物的脏器和血液中分离细菌进行培养，进行生物学试验。沙门氏菌病可在生前进行快速细菌学检查。用无菌操作方法采血，接种于 3~4 支琼脂培养基斜面或肉汤培养基内，在 37~38℃温箱中培养，经 6~8 小时便有该菌生长，将其培养物和已知沙门氏菌阳性血清做凝集反应，即可确诊。

【防治】预防：以消灭病原，阻断传播途径，增强机体抵抗力为主。首先要加强饲养管理，搞好卫生。保持狐舍卫生，消灭苍蝇和鼠类，防止其它动物进入狐场，以防病菌对饲料、饮水、用具造成污染，特别是幼狐育成期，必须喂给质量好的鱼、肉饲料，不可频繁换料。加强妊娠期和哺乳期的饲养管理，对提高仔狐对沙门氏菌病的抵抗力有重要作用。加强兽医卫生监督，不允许用沙门氏菌污染的饲料喂狐。对可疑饲料要进行无害化处理后再喂。发现有本病，马上隔离治疗，对笼舍用具要严格消毒。治愈后的狐仍需坚持隔离饲养到取皮，不得留做种用。

4. 大肠杆菌

大肠杆菌病是由大肠杆菌引起的一种传染病，主要侵害幼龄蓝狐，常呈现败血症状，伴有下痢、血痢，并侵害呼吸器官或中枢系统。成年母兽患本病常引起流产和死胎。是对幼兽危害较大的细菌性传染病之一。

【病原】本病病原体是大肠杆菌。根据血清型分为 200 多个变种，常对人、畜无致病性，而对毛皮兽则有致病性。

本菌长 1~3 微米，宽 0.6 微米，为两端钝圆的短杆菌。在体内呈球菌状，常单在排列，个别呈短链排列。无荚膜和芽孢，有运动性。为革兰氏肠性菌。本菌对氧气和营养要求不苛刻，在一般培养基上，在有氧、无氧条件下都能生长，15~45℃均能发育，37℃为最适宜发育温度，最适宜的 pH 值为 7.4。大肠杆菌抵抗力不强，一般消毒药物如石炭酸、升汞、甲醛等 5 分钟即可杀死该菌。55℃经过 1 小时，60℃经过 15~30 分钟杀死该菌。

【流行特点】在自然条件下，10 日龄以内蓝狐的仔兽最易感。日龄大的仔狐很少患病。本病常自发感染。因为狐狸正常机体即有大肠杆菌存在，在机体抵抗力下降的情况下，处于肠道内的细菌很快繁殖，使其毒力不断增强，破坏肠道而侵入血液，引起发病。母兽妊娠期和哺乳期饲料营养不全，使仔兽发育不良；仔兽断乳后饲料质量不良及不全价饲养；饲料种类急剧变化，使胃肠消化机能失调，仔兽育成期不卫生；缺乏垫草或垫草质量不好，不执行隔离和消毒措施，机体抵抗力下降，促进该病的发生和发展。

【临床症状】狐自然感染大肠杆菌病时的潜伏期变动范围大，潜伏期的长短，取决于动物机体抵抗力、病原菌的毒性及饲养管理条件等。一般蓝狐大肠杆菌的潜伏期为 2~10 天。仔兽食欲减少，甚至完全拒食，病兽丧失固有的活动性。病初期粪便稀薄、黄色稀粥状，然后下痢加剧，粪便颜色成灰白色或暗灰色、稀薄，带有黏液，常带有泡沫，有时出现呕吐。患病吃乳仔兽粪便中含有凝乳的凝块，有时混有血液。在病兽粪便中发现被覆盖着混有条纹状血液的黏液和未消化的剩余饲料。在严重的病例中，病兽排便动作频繁甚至失禁。肛门周围、尾部、会阴及后肢上面被排泄物弄脏，潮湿的毛粘连在一起。患病仔狐体重减轻或显著衰弱，发育明显落后，在病症的初期体温达到 $40\sim41℃$，在濒死期病兽体温低于 $37℃$。当病兽体温增高期，发现呼吸加快，脉搏加速。病畜明显消瘦和衰弱，绒毛蓬乱并失去光泽，眼珠凹陷，弓背，后肢无力、步行蹒跚。病兽在衰弱时去。在急性的病例中，可能在 $5\sim6$ 天即死亡。幼狐日龄在 $30\sim60$ 天患大肠杆菌病，如未能及时治疗，死亡率为 $2\%\sim6\%$。母狐在妊娠期患病时，发生流产和死亡

【剖检变化】因本病死亡狐尸体可见到肛门周围、尾部、会阴及后肢上的毛污秽且潮湿，并且常粘着在一起。尸体一般是明显的衰弱、贫血。胃内含有黏液，肿胀，有时充血，带有多数糜烂及溃疡，有单个的或多数的出血点。在小肠中含有少量灰白色、暗灰色或浅灰色的黏液，其黏膜肿胀、部分充血和具有单独或多量的出血点。在一些病例中发现小肠黏膜全段上有出血性炎症。大肠黏膜肿胀，覆盖黏液渗出物和充血，极少出现出血。多数病例肝脏略微肿大，呈暗赤色带有浅灰或淡黄颜色，其硬度松软。肠系膜淋巴结肿大，触摸柔软，切面上湿润、充血，有时有小点状出血。脾增大 $2\sim3$ 倍，暗赤色，韧度松软，有时在被膜下边出现单个地小点出血。肾脏增大不明显，柔软，被膜下有小点状出血，切面上皮层及髓层之间的界限模糊。膀胱空虚，有时黏膜上出现小点状出血。心肌呈熟肉状，心内膜及外膜下发现有出血。脑稍肿胀，血管剧烈的充血，侧脑室中的液体数量增加。肺的颜色不一致，在玫瑰色背景上发现轮廓不清的暗红水肿区，

从切面流出淡红色泡沫样液体，气管和支气管内也含有此类液体。

【诊断】临床症状、流行病学和病理解剖上的变化只能作为初步诊断的依据，最后确诊有待于细菌学检查。细菌学检查应采取未经抗生素治疗病例的材料，否则影响检出结果。可以从心脏、血液、实质脏器和脑中分离纯培养。同时必须作动物实验，检查其毒力情况。因为往往与非致病性大肠杆菌混同。

【防治】预防本病应从增强机体抵抗力和减少致病菌数量等方面加强管理。要不断改善饲养管理条件，首先除去不良饲料，使母狐和仔狐吃到新鲜、易消化、营养全价的饲料，以增强机体的抵抗能力。同时要加强防疫，把住饲料关，对来源不明的饲料要经过高温处理后才能喂狐。在仔狐育成期添加抗生素类饲料或乳酸菌对预防本病也有良好效果。

特异性治疗，可用仔猪、犊牛和羔羊大肠杆菌病高免血清治疗 1~2 月龄的患病仔狐。用高免血清加新霉素治疗的处方如下：高免血清 200 毫升、新霉素 50 万单位、维生素 B_{12} 2 000 微克、维生素 B_1 30~60 毫克，上述合剂对 1~5 日龄的病仔狐皮下注射 0.5 毫升，日龄较大的仔狐皮下注射 1 毫升或 1 毫升以上。

用链霉素 20~100 毫克，新霉素 25 毫克，土霉素 25 毫克，菌丝抗霉素 10 毫克，口服，每千克体重按上述量投药。

5. 李氏杆菌

蓝狐的李氏杆菌病是以败血症经过，并伴有内脏器官和中枢神经系统病变为特征的急性传染病，对养狐业威胁很大。

【病原】本病的致病菌是李氏杆菌。本菌为两端钝圆、平直或弯曲的小杆菌。长 1~2 微米，宽 0.2~0.4 微米。不形成荚膜和芽孢，在多数情况下呈粗大棒状单独存在，或成 "V" 字形，或形成短链。有一根鞭毛，能运动，染色呈革兰氏阳性。

本菌为需氧及兼性厌氧性菌，培养温度为 37℃，pH 值 7.0～7.2。在普通培养基上能生长，在肝汤及肝汤琼脂上生长良好，呈圆形、光滑平坦、新稠透明的菌落，折光观察，呈乳黄白色。在血液琼脂上，呈 B 型湾血。在肉汤内微浑浊，形成黄色颗粒沉淀。

李氏杆菌具有较强的抵抗力，秋冬时期，在土壤中能保存 5 个月以上。在冰块内保存 5 个月至 3 年。在燕麦内可保存 10 个月。在肉骨粉内保存 1～7 个月，在皮张内保存 62～90 天，在尸体内保存 1.5～4 小时不失活力。

本菌对高温抵抗也比较强，100℃经 15～30 分钟，70℃经 30 分钟死亡，用琼脂培养特制的菌液，在 60～70℃经 5～10 分钟，55℃经 1 小时死亡，2.5%石炭酸 5 分钟，2.5%的氢氧化钠溶液 20 分钟，2.5%甲醛镕液 20 分钟，75%酒精 75 分钟被杀死。在 0.25%石炭酸防腐液内可存活 1 年以上。

【流行特点】本病为人、畜共患的散发性传染病。蓝狐易感，特别是幼龄蓝狐更易感。

本病的主要传染源是病兽，通过被污染的饲料和饮水，以及直接饲喂带有李氏杆菌病的畜禽肉及其副产品等均可致病。本病经消化道感染。维生素缺乏病、寄生虫及其他使机体抵抗力下降的不良因素，都是引发本病的诱因。本病虽无季节性，但多发生在夏季。

【临床症状】幼龄病狐主要表现精神沉郁与兴奋交替出现，当外界条件恶劣时，便会出现临床症状，表现食欲减退，甚至拒食；兴奋时，常表现出不协调性，不断转圈，四处冲撞，伴有不时地尖叫声，同时出现撕咬自身，主要是臀部、尾部及身体一侧，严重者会将腿、臀部肌肉全部咬去，直至露出骨骼，咬伤部位出现化脓和脓汁流出的现象。有些病狐竖起耳朵、头顶在铁笼上部，瞪眼，臀部夹紧，作痛苦状，并发出有节奏的尖叫声。病狐对周围环境很敏感，极轻微的响动便会受到惊吓，引起进一步的嘶咬、转圈和不时尖叫。这种情况在早上喂食前很严重。病程一般 5～7 天，个别病狐可拖延至 40 天。成年狐除上述症状外，有的咳嗽、呼吸困难，呈现腹式呼吸。病程 7～10 天。

【剖检变化】以败血症及脑膜炎的变化为主，肺有化脓性卡他性肺炎，气管黏膜充血、出血；心脏肿大，心肌眼观呈液灰，心外膜有出血点。心包内有纤维性互凝块的淡黄色液体。甲状腺肿，出，呈黑色。肝脏肿大，有弥散性米粒大小干酪样坏死灶；脾肿大有出血斑点；全身多数淋巴结肿大、出血，切面多汁；脑膜和脑实质血管充血、水肿，脑脊髓液增多混浊，脑实质软化和水肿，在硬脑膜下有点状出血，有小脓灶。

【诊断】根据流行病学、临床症状、病理变化和实验室检验结果，可确诊蓝狐的李氏杆菌病，实验室诊断操作如下。

第一步，无菌取病死狐的肝、脾、血、脑脊髓液及脑桥等病料，分别进行涂片，革兰氏染色，油镜下观察，发现革兰氏阳性、两端钝圆的短小杆菌，多单在，有的排列呈"V"字形或平行排列，肝脏、脑组织中含菌量较多。第二步，无菌取新鲜病死狐脑脊髓液病料划线接种于 0.5% 葡萄糖羊血清琼脂平板，37℃于含 5%～10% 的 CO_2 低氧环境中培养观察 18～24 小时，可见圆形、湿润、光滑的小菌落，反光观察菌落呈现淡蓝色，培养 48小时后，菌落增大，其色灰暗，在菌落周围有溶血环。菌落形成后再次进行纯培养，得到纯培养物，并挑取单个存在的菌落涂片，革兰氏染色镜检，看到非常一致的革兰氏阳性杆菌，两端钝圆，长约 2 微米，菌形微弯，两极染色明显，有呈"V"字形排列的细菌，也有 3 个细菌叠成栅状的。第三步，生化试验，该菌能使葡萄糖、鼠李糖、杨苷，在 24 小时内产酸。在 7～12 天内可使蔗糖、麦芽糖、乳糖、甘油、淀粉及糊精产酸，均不产气。发酵单乳糖、棉实糖、山梨醇及木糖很慢或不一致。不产硫化氢和靛基质，不还原硝酸盐，不液化明胶。石蕊牛乳在 24 小时内微酸变色，但不凝固牛乳。MR 试验（＋）、VP 试验（＋）。第四步，取小鼠 4 只腹腔接种 0.2 毫升肉汤培养物，全部在 3～4 天内死亡，剖检发现，肝、脾有小坏死灶，细菌涂片检查、分离培养均与上述病样中病原特征相同。

【防治】预防：对于早期患狐采取治疗有一定成效，中晚期疗效不佳。主要采取预防措施，对畜肉及其副产品必须经动检部门检疫后，确认无李氏杆菌的肉类和副产品才能饲喂。对可疑饲料要煮熟后再饲喂。由于李氏杆菌病是条件性传染病，一定要加强饲养管理，保持笼子和地面环境卫生清洁，以增强狐的抵抗力。

治疗：发病初期的病狐用先锋霉素 100 毫克/千克，肌内注射，2～3 次/天；磺胺嘧啶钠按 0.1 克/千克体重肌内注射，首量加倍，每天早晚两次，连续治疗 2～5 天；新霉素每只病狐 10 万～15 万单位，每天 2 次，连用 3～5 天，肌内注射，樟脑磺酸钠每只 0.5～1 毫升；氨苄青霉素每只病狐 5 万～10 万单位，每天 2 次，连用 3～5 天，肌内注射，樟脑磺酸钠每只 0.5～1 毫升；对出现神经症状的病狐用安乃近等镇定类药物，对咬伤部位用 1‰高锰酸钾溶液或 5%过氧化氢溶液清洗。

6. 钩端螺旋体

钩端螺旋体病又称出血性黄疸，是蓝狐和人共患的传染病。感染的蓝狐以发热、严重黄疸、出血为特征的一种传染病。狐主要感染出血性钩端螺旋体，特点是传播快，发病率和死亡率高（90%～100%），主要侵害 3～6 个月幼，成狐较少发生。

【病原】根据蓝狐钩端螺旋体抗原结构不同，有 140 个以上的血清型。狐感染该病一般为单一型感染，也有几个型共同感染的。

钩端螺旋体属螺旋体科、细螺旋体属的微生物，长 6~20 微米，宽 0.1 微米。螺旋弯曲较规则且恒，螺宽 0.2~0.3 微米，螺距为 0.3~0.5 微米。具有运动性，有时因受到动物体内特异抗体的影响，形态发生变化。

钩端螺旋体对日光、干燥、高温、常用消毒剂等都很敏感。其生长最适 pH 值为 7~7.6。当加热 50~56℃ 30 分钟、60℃ 时 10 分钟即可被杀死。1% 漂白粉或石炭酸、2% 来苏尔、1% 盐酸、酒精、碘酒等都能很快杀死本菌。钩端螺旋体对低温有较强的抵抗力保持数年仍有毒力。感染该病不分年龄、性别，但幼狐易，发病率和死亡率较高。

【流行特点】蓝狐对该病易感，啮齿类的鼠及家畜是重要的传染来源。特别是猪最为危险，因为猪患钩端螺旋体多为隐性传染，长期带菌，不断向外排出污染环境。当狐狸采食了被污染的饲料和饮水，引起地方性流行，波及大群狐狸，死亡率较高。

传染途径主要是消化道。另外，也可以通过损伤的皮肤和黏膜感染。一般本病易发生于 7~10 月，个别污染的狐狸饲养场，一年四季都都有散在病例发生，本病不波及全群，多数狐狸轻微经过后产生坚强免疫，不再重复感染。

【临床症状】蓝狐自然感染的潜伏期一般为 2~12 天。潜伏期的长短决定于动物机体的自身情况、外界环境、病原体毒力和侵入途径。本病发病突然，很快废食，反复呕吐，体温在 42℃ 以上，两眼流泪，大量饮水，饮后即吐；发病 3 天后病狐体温恢复正常或偏低，这时病狐极度衰弱，呼吸困难，口腔黏膜苍白，出现贫血、黄染、黄疸及溃疡出血，嘴角带有黏涎，排血水样便，尿液深褐色，后期排出粪便多数为煤焦油状；病狐喜欢喝水，消瘦很快，先是后肢瘫痪，继而四肢瘫痪，衰竭而死。

【剖检变化】剖检发现可视黏膜、皮下组织、全身黏膜及浆膜黄染严重，肋膜及肠系膜也为黄色；骨骼肌上可见条状或扫帚状出血斑点；扁桃体充血肿大；血液稀薄，呈淡红水样；肝严重肿胀，呈黄色或黄褐色，肝被膜下有出血或坏死病灶，肝组织混浊肿胀，脂肪变性，质脆易碎裂，裂碎后呈豆腐渣样；胆囊胀大，充满浓稠的黑绿色胆汁；脾肿大，呈樱桃红色，有出血或坏死病灶；肾脏肿大，出血、贫血，呈土黄色，肾被膜下实质部表面凹凸不平，有严重坏死病灶，被膜易剥离，皮质出血，皮质和髓质交界处有灰色病灶；膀胱黏膜出血；胃肠黏膜充血，出血肿胀，内有大量带血黏液；肺脏肿大；心外膜和心内膜有带状出血；脑血管充盈，脑组织水肿。

【诊断】急性病例临床症状和病理刻检变化明显，不难诊断。但最后确诊必须进行实验室检查。

生前可靠诊断方法为血清学。用已知各种不同型钩端螺旋体的培养物作活体抗原，去检查病兽血清。如血清中有凝集溶解抗体存在，则使抗原发生凝集和溶解现象。借助于暗视野显微镜进行观察。为了检查取得满意效果，必须在疾病的第 2~3 天血液内凝集和溶解抗体最高时采血分离血清。狐狸血清稀释 1：400 或以上时出现凝集溶解现象为阳性反应。血清稀释 1：200 有凝集溶解现象者为可疑反应。

细菌形态学检查具有诊断价值。一般采取新鲜尸体的肝、肾组织块放于 10% 福尔马林溶液中，制作组织切片，切片用镀银染色，可发现典型棕褐色钩端螺旋体。

【防治】本着标本兼治的原则，杀灭病原体，维持保肝止血治疗。有条件的可用抗钩端螺旋体血清皮下注射，每次间隔 1~2 天，共 2~3 次。通过药敏试验筛选出强力霉素、链霉素为敏感药物。狐群按每千克体重 7 毫克投服强力霉素，每日 2 次；对发病狐采用抗菌消炎、强心补液的治疗原则，青霉素 40 万~80 万单位，硫酸链霉素 30 万单位，注射用水稀释后肌内注射，2 次/日；或青霉素 80 万~160 万单位，稀释于 5% 糖盐水 100~

150 毫升静脉注射；50% 葡萄糖注射液 20 毫升，维生素 B_{12} 1 毫升 ×2 支（1 000 微克），维生素 K_3 1 毫升 ×2 支（4 毫克），维生素 C 5 毫升（0.5 克），肌苷 50 毫克，1 次静脉注射，1 次/日。

7. 假单胞菌病

狐假单胞菌病也称狐绿脓杆菌病，狐感染该病常表现为子宫内膜炎，是由绿脓杆菌感染引起的急性、败血性传染病。

【病原】绿脓杆菌为革兰氏阴性小杆菌，没有芽胞和荚膜，但较长时间培养能产生黄绿色色素，一端有鞭毛，能运动，排列呈单片、成对或短链。

本菌有较强的抵抗力，在潮湿环境下，经 2~3 周活性降低，在干燥环境下 2~3 天死亡，较其他细菌能抵抗紫外线照射。对消毒药敏感，0.25% 福尔马林、0.5% 石炭酸或 1% 苛性钠、1%~2% 来苏尔能迅速杀死该菌。

【流行特点】患病动物是该病主要传染来源，狐常经子宫感染，发生化脓件子宫内膜炎常因人工授精器具、手臂或狐阴部消毒不严而引起子宫感染。母兽在春季配种结束后 4~10 天开始发病，病程多在 10 天以上，公兽没有明显的症状；本病常呈散发性，个别养殖户所养狐狸的发病率常在 50% 以上。

【临床症状】母狐食欲明显减弱，食欲废绝，精神沉郁，卷缩蹲卧，后期从阴道内流出黄绿色、黄红色黏稠状分泌物具有异常的腥臭味，胚胎吸收，流产、早产，最后败血死亡。

【剖检变化】子宫角粗大肿胀、出血充血；输卵管粗大、充血；胚胎出血、充血，切开后流出黑红色或黄绿色腥臭味液体；两子宫角充满大量绿色或黄色黏稠物异常臭味，整个子宫黏膜充血、出血、黏膜脱落；肝瘀血、被膜下有出血点；肺充血；脾脏瘀血；腹腔内存有少量淡黄色腹水。

【诊断】临床诊断主要表现为化脓性子宫内膜炎症状。病理剖检诊断主要表现子宫内膜充血、出血和黏膜脱落，胚胎糜烂，并流出黄绿色或黑绿色臭味液体。

细菌学诊断是确诊的依据。采取子宫脓汁，接种普通琼脂平板，放于37℃恒温箱中培养，经24小时长出灰白色、微险起菌落。经48小时培养，则培养基变黄绿色，时间延长，菌落中央变成黑褐色，色素深入培养基基质中，产牛黄绿色素并使培养基变深褐色，为绿脓杆菌培养特征，具有诊断意义。

【防治】注射狐的绿脓杆菌多价疫菌免疫，能起到较好的预防作用。选用高敏药物氨苄青霉素、庆大霉素、多粘菌素、新霉素、磺胺等肌内注射，每日2次，严重者配合使用氧氟沙星葡萄糖注射液冲洗子宫，收到良好效果。

七、寄生虫病

1. 弓形虫

弓形虫病是由一种龚地弓形体的原虫所引起的人和蓝狐共患的寄生虫病，本病在狐狸中间可引起地方流行，给养狐业带来巨大的经济损失。

【病原】弓形虫为细胞内寄生虫，属于原虫动物型等孢球虫的一种。它具有双宿主的生活周期，分两相发展，即等孢球虫相和弓形体相。前者在宿主肠内，后者在宿主组织细胞内。关键阶段是卵囊，在宿主（猫）体内寄生，随大便排出体外，这种卵囊被同种宿主（猫）吞食后，寄生在肠内，按球虫的周期发育；如果卵囊被狐狸等异种宿主所吞食，即按典型的弓形虫相发育，在吞噬细胞内形成假囊，在组织内特别是脑和肌肉内，形成有抵抗性的包囊，在假囊和包囊内，都以囊内增殖方式繁殖，产生滋养体。假囊和包囊的滋养体不同、前者核在正中，后者核在末端。包囊呈隐性感染，滋养体引起活动性感染。

弓形体的滋养体，长 4~7 微米，宽 2~4 微米，一端尖，另一端钝圆，形状为月牙形或半月形，有时为梭形。用甲基蓝或按罗姆罗夫斯基氏染色法染色，原生质染成浅蓝色，核染成鲜红宝石色。

弓形体滋养体对外界因素（光线、温热、干燥及化学药品等）的抵抗力不高。在肌肉组织内当温度 2~4℃ 时，存活 8~14 天；当温度 50~60℃ 时，存活 5~15 分钟。于较高温度时，几秒钟内死亡，煮沸立即被杀死。对酸性环境敏感，一般于胃液内 30 分钟内死亡。一般消毒药于普通浓度下在 10~20 分钟使之破坏。

【流行特点】家畜和家禽的胴体和内脏是狐狸的感染来源，患病的狐狸可以通过与健康狐狸的接触，经正常黏膜或损伤黏膜及空气飞沫途径而感染，也可通过子宫内感染。狐狸通过饲料经消化道感染的可能性最大，利用未经处理的患有弓形体病动物的肉及副产品喂狐是最经常的传染途径。此外，狐狸饲料被患有弓形体病的动物粪尿污染，也可发生感染。先天感染可通过母体胎盘，发生于妊娠的任何时期，当妊娠初期感染时，可能用致胎儿吸收、流产和难产。当妊娠后期感染时，可产生弱胎，在仔兽哺乳期发生急性弓形体病。

【临床症状】不同病例潜伏期不同，7~10 天或几个月。弓形体病呈现不同型：侵害胃肠道、呼吸道、中枢神经系统及眼等。急性经过 2~4 周死亡，慢性经过可持续数月转为带虫免疫状态。

成年狐患病后，体温升高至 41~42℃，呈稽留热，精神沉郁、食欲不振或废绝、心跳快而弱、可视黏膜苍白或黄染、结膜发炎、流脓性眼屎、视觉障碍、鼻腔流浆液性鼻液。部分狐突发性急性胃肠炎、呕吐、腹痛和剧烈腹泻，初粪稀如水，继之转为黏液性，严重者发生出血性腹泻，体质迅速衰竭，最后因脱水、休克而死亡。有的呼吸迫促困难，咳嗽，胸腹等无毛或少毛处皮肤暗红，有的表现极度兴奋，眼球突出，运动失调，后肢不全麻痹或完全麻痹等神经症状，死亡之前神经兴奋，沿笼子旋转并发出叫声。母狐妊娠早期发生流产，或后期早产。公兽患病不能正常发情，表现不能正常交配，偶尔发现严重病兽恢复完全健康状态，但不久又呈现神经混乱而死。患病母兽所产的仔兽，在出生后 4~5 天死亡。这样的仔兽常出现体躯变形，多数头盖骨增大，并转归死亡。

【剖检变化】剖检可见横纹肌色淡或黄染，有的头部皮下水肿。胃空虚，仅有少量黏液，胃肠黏膜充血、肿胀、出血，有溃疡或灰白色坏死灶。肺充血、肿胀、间质增宽，有小出血点和灰白色病灶，切面流出多量带泡沫液体。脾肿胀呈暗红色，胆囊肿大，内充满浓稠的胆汁。肾肿大坏死并有出血点，膀胱内无尿，黏膜上有点状出血。黏膜、皮下脂肪或肌肉、浆膜见轻微的黄疸。全身淋巴结肿大，切面湿润多汁，并伴有粟粒大灰黄色坏死灶和出血点。有的狐心包积液，胸腹腔液体增多。

【诊断】根据临床症状、流行病学和病理解剖是不能作出弓形体病正确诊断的，作为本病的确切诊断还必须依靠实验室检查。可将病理材料切成数毫米的小块，并用滤纸除人多余水分后，放载玻片上按压，使其均匀散开和迅速干燥，然后用甲醇固定 10 分钟。以姬姆萨液染色 40~60 分钟，干燥、镜检，可发现月牙形或半月形弓形体。此外，用组织切片方法也可检出弓形体和弓形体的包囊及假包囊。

【防治】发病狐用磺胺嘧啶钠注射液 0.03~0.08 毫克/千克体重肌注，2 次/日，连用 3~5 天；也可使用磺胺嘧啶 60 毫克/千克体重，加甲氧苄氨嘧啶 12 毫克/千克体重混合口服，2 次/日，连用 5~7 天，同时应用维生素 C 针注射液 10 毫克/千克体重，肌内注射，2次/日，并在饮水中加入电解多维和口服补液盐等，以减少应激，防止脱水。

2. 疥螨病

疥螨病是由疥螨科的螨类寄生虫寄生于蓝狐体表的寄生虫病，以接触性传染为主，引起蓝狐剧痒，其特征是侵害皮肤并伴发高度的痒觉、脱毛及皮肤上出现结痂。

【病原】疥螨病的病原体是不完全变态的节肢动物，发育过程包括卵、幼虫、若虫、和成虫四个阶段。疥螨钻进狐表皮、挖凿隧道，虫体在其中发育繁殖。在隧道中，每隔一定距离有小孔与外界相通，既是通气孔，也是的虫出入通道。雌虫在隧道内产卵，并2～3天孵化为幼虫，幼虫爬到皮肤表面后，在毛间的皮肤上开凿小穴，在里面蜕变为若虫，再钻入皮肤，形成窄而浅的穴道，并在其中蜕变为成虫。疥螨从幼虫到成虫仅需要6～8天。

疥螨在外界温度11～20℃时能保持生活力10～14昼夜，在寒冷温度下（-10℃）经20～25分钟死亡；直射阳光3～8小时死亡；于干燥环境中当温度50～80℃时，30～40分钟内死亡，在水内加热80℃几秒内死亡。

【流行特点】病狐是主要传染来源，通过病狐与健康狐直接接触（密集饲养、配种等）可以传染。另外，患本病的动物接触过的物体，如笼舍、垫草、食盆、清洁用具以及放污染的工作服、手套等。

【临床症状】最初大多发生在狐狸的脚掌后，随后蔓延至肘关节，传播到额、颈、胸、臀及尾部，并向体侧及全身蔓延，很快传播整个狐群。病狐初感瘙痒不安，用爪抓挠、用嘴啃咬或借助笼网、墙角等磨蹭自身患部毛被和皮肤，患部皮肤发红，有粟粒状或高粱大小红点或结节，然后形成水泡、脓泡或溃疡，被毛出现灰色圆形秃斑，毛易断，皮肤有痂皮。有米糠状皮屑脱落，有的患部皮肤肥厚变硬，形成皲裂。患病狐狸食欲减退，日益消瘦，机体营养不良、衰弱、免疫机能下降，病情严重的不吃食，最后死亡。

【剖检变化】死于本病的狐，皮肤上覆盖以硬壳和痂皮。在秃毛部增厚的皮肤上，出现血性龟裂和骚伤，尸体消瘦、贫血。

【诊断】用酒精灯火焰消毒磨钝的手术刀片，在患部与健康皮肤交界处轻刮皮肤，起到出血为止，每个部位取1处，将皮肤刮物置于载玻片上，若患部有脓疱者挤脓液，将脓液涂于载玻片上，滴加1～2滴稀释液，加盖玻片，在400倍显微镜下检查，见有疥螨虫即可诊断。

【防治】用1%"敌百虫"或5%浓碘酊或"石硫合剂"（生石灰3千克，硫磺3千克，用适量水拌成糊状后加水60克煮沸，取清液加入温水20千克即成）均可。药液温度为20～30℃，进行涂擦，药量要足，涂抹4～5次隔6～8天再进行1次，2次为1个疗程。涂药后应给以充足清洁的饮水。控制继发感染用伊维菌素按0.2毫升/千克体重皮下注射5天注射1次，连用4星期。

3. 蛔虫病

狐蛔虫病是临床上常见的一种线虫病。该寄生虫主要寄生于狐的小肠和胃内，主要引起幼狐发病，可引起幼狐生长缓慢、消瘦、贫血和间断拉稀等，病情严重时可引起幼狐死亡。

【病原】本病的病原体是蛔虫，其成虫呈淡黄色，长而圆，两头尖，稍弯于腹部，头端有3片唇，具有狭长的颈翼膜；雄虫长2～4厘米，雄虫3.2～5.5厘米；虫卵长圆形至椭圆形，大小（68～85）微米×（64～72）微米，外膜厚，有明显麻点状的小泡状结构；主要寄生于肠道。狐感染本病主要是吃了含有蛔虫卵的饲料或饮了被虫卵污染的水而感染，或者仔狐养在一起，其中有患蛔虫病者，经接触相互感染而发病。

【流行特点】而当成年狐食入被感染虫卵污染的饲料和饮水时，虫卵在狐肠内孵出幼虫，发育为感染性虫卵，幼虫在小肠内逸出，进而钻入肠壁内发育后返回肠腔，经 3 ~ 4 周发育为成虫。另一部分幼虫钻入肠壁进入血管，随血液到达狐体内各个器官，形成包囊，保持活力，但不发育；当母狐怀孕后，幼虫被激活，经胎盘移行到胎儿体内，胎儿出生后 3 周左右，幼狐肠道内可发现成熟的蛔虫。另外幼狐在吮乳的过程中也可被感染，幼虫在小肠中直接发育成成虫。

【临床症状】患狐精神萎靡，食欲减退，身体虚弱，消瘦无力，腹部胀满，消化不良，下痢和便秘交替进行，毛蓬乱无光泽，可视黏膜苍白，呈现贫血症状；严重时可出现呕吐、腹泻、抽搐等症状。时可看到吐出或便出蛔虫。病情严重的患狐，常因蛔虫过多造成肠梗阻而死亡，剖检可见到肠内蛔虫阻塞成团。

【剖检变化】病狐皮下脂肪很少，肌肉颜色浅，血液稀薄如水，全身淋巴结肿大，肺部有出血点，胃内空虚可见黑色焦油状物，十二指肠、空肠内可见有成熟的蛔虫，严重者胃内也可见到成虫。

【诊断】通过解剖，于胃、十二指肠内可发现成熟的蛔虫即可确诊。对于可疑病例可采用饱和盐水漂浮法或水洗沉淀法，检查病狐粪便，发现虫卵也可确诊。

【防治】　　母狐于配种前 3 ~ 4 周，口服盐酸左旋咪唑，15 毫克/千克体重，1 次口服，连用 3 天；幼狐于 35 日龄时，口服丙硫苯咪唑，10 毫克/千克体重，混入饲料中 1 次服用，连用 3 天；对于发病狐群，可采用中西药结合的方法驱虫，早晨饲喂丙硫苯咪唑，10 毫克/千克体重，晚上饲喂中成药驱虫散，0.5 克/千克体重，拌料内服，连用 3 天，效果良好。

4. 绦虫病

【病原】绦虫是寄生在狐肠内的扁平呈带状的寄生虫。该虫在狐体内成熟后，逐渐脱掉后面的成熟节片，每个节片含有上万个绦虫卵，卵被其他动物吃掉后，通过肠道进入血液循环，进而到各个肌肉组织中，并在其内发育成孢囊，该动物便成了绦虫的中间宿主。狐吃了含孢囊的肉，孢囊不能被消化，而是在肠道内适宜的温度和营养条件下，发育成幼虫，并用有钩的吸盘吸挂在肠黏膜上，吸收肠内大量营养物质，增长达到成熟后，又可排出成熟节片。

【流行特点】本病主要是由于蓝狐吃了被绦虫感染的而各种淡水杂鱼及肉类饲料和饮水而引起，多为散发。

【临床症状】初期无明显症状，中期由于虫体快速发育，患狐表现食欲亢进，呈渐进性身体消瘦，生长停滞。后期患狐体质衰弱，腹部胀满，被毛蓬乱无光，有时呕吐、下痢、贫血，可视部膜苍白，最后体力衰竭而死亡。当侵害神经中枢后，常发生抽搐和惊厥。在粪便中可见到排出的成熟白色节片。

【诊断】根据临床表现并结合虫卵检查，即可确诊。

【防治】预防：每年7月和12月两次定期驱虫可预防绦虫病，最好不喂含孢囊的肉类，如必须喂时，应进行高温高压处理。同时，处理含孢囊肉的用具也要进行消毒处理，以防将孢囊带入饲料中。当发生该病时，全群投喂丙硫苯咪唑，按5～10毫克/千克体重；灭绦灵30毫克/千克体重，均可收到较好的效果。

5. 附红细胞体感染

【病原】狐附红细胞体病，是由附红细胞体附着在狐的红细胞表面和游离于血浆中引起的一种传染病。

【流行特点】该病的病原为血虫体属附红细胞体。由血液感染传播，其感染与外寄生虫、吸血昆虫、蚊、蝇等传播有关，感染后多呈隐性经过。当受到某些应激因素影响而导致机体抵抗力下降时，病原即能在血液中大量繁殖，破坏红细胞。该病在夏、秋季发病率高。除独立发生外，还继发于某些传染病的过程中，一般抗生素对该病治疗无效。

【临床症状】一般患病狐狸症状不明显，严重的出现可视黏膜苍白，体温升高 40℃ 以上，粪便干结，食欲渐进性减退、呼吸困难、运动失调，喜卧、咳嗽、流清涕及结膜苍白黄染、排血便，最终死亡，可分为急性型、亚急性型、慢性型。急性型：发病前日，狐的食欲、饮水及活动均正常，翌日早晨发现笼中有死狐；有的狐吃食正常，食后突然倒地抽搐，全身僵硬，口吐白沫或带泡沫的血液，迅速死亡。亚急性型：体温升至 41.0 ~ 41.7℃，废食，呼吸困难，口吐白沫，或口、鼻流出带有泡沫的血液，后躯瘫痪，全身间歇性抽搐，最后死亡，病程 1 ~ 2 天。慢性型：食欲逐渐减退、消瘦，间歇性抽搐，可持续 5 ~ 8 天而死亡。有的狐虽然能治愈，但出现贫血，生长受阻，成为僵狐。

【剖检变化】典型病理变化为脑部血管充血、淤血，脑实质有针尖大小的出血点，第三脑室出血；胸腺有粟粒大小出血点；肺大面积淤血、出血，呈紫黑色；心包积有淡黄色或淡红色液体，心肌色泽变浅，左心室心内膜条状出血；胸膜脏层轻微弥漫性出血；肝肿胀；呈土黄色，质地脆弱，切面模糊不清，胆囊充盈；肾苍白，表面有丝状出血，肾乳头出血；膀胱黏膜条状出血。个别病狐的膈肌、腹膜条状出血。

【诊断】根据临床表现、病理剖检及实验室诊断，可确诊附红细胞体病。

对病兽后肢静脉采血。将一滴血滴加在载玻片上，加等量的生理盐水，用牙签混匀，加上盖玻片，于油镜下观察。附红细胞体呈环形或圆形，附着在红细胞表面或游离于血浆中。红细胞失去固有形态，其表面附着数量不等的附红细胞体，许多红细胞边缘不整而呈轮状、星芒状及不规则的多边形等。游离在血浆中的附红细胞体呈不断变化的星状闪光小体，在血浆中不断地翻滚和摆动。若血涂片以姬姆萨氏液染色镜检，可见红细胞上的附红细胞体呈蓝紫色，有折光性，外周有白环。其大小不一，直径在0.25～0.75微米，每个红细胞上附着的数目为几个到十几个，多的达二十几个。

【防治】采取及早治疗原则，已经发病蓝狐，视发病情况而定。一般种用蓝狐治疗后不易发情，故不做治疗，及早淘汰。非种用，可做如下治疗：对整个狐群用土霉素粉、维生素 C 拌料饲喂，剂量分别为 2 克/千克和 1 克/千克；发病狐按体重肌内注射盐酸土霉素 15 毫克/千克，贝尼尔 3 毫克/千克，连用 4 天，病情可以得到控制，但已出现神经症状的病例治疗效果不明显，食欲仍较差，发育明显受阻。

八、代谢病

代谢病是指饲料中所含的营养物质，特别是维生素和矿物质等供给量不能满足狐体的生长发育需要，有时出现营养代谢性疾病不是因为饲料中营养素的含量不足，而是由于动物的消化机能失调所致。在调配饲料时，还应注意维生素之间和矿物质之间的相互关系（互补或拮抗）。

1. 维生素 A 缺乏症

由于维生素 A 不足引起上皮细胞角化为特征性的一种疾病。狐易患此病。

【病因】饲料中维生素 A 或前体不足，主要是因为日粮储存过久、氧化、腐败变质及调配不当等，造成日粮中维生素 A 前体遭到破坏，或在日粮中添加的维生素 A 剂量不足或质量低劣。混合饲料中添加了酸化的油脂、油饼、肉骨粉及蚕蛹等，使用氧化了的饲料，使维生素 A 遭到了破坏，导致维生素 A 的缺乏。日粮中蛋白质水平过低，也会影响维生素 A 在体内的应用。狐的肝脏、肠道有疾患时，肝脏对维生素 A 的贮存能力及肠道将维生素 A 前体转化为维生素 A 的能力降低；狐对维生素 A 的需要量增加而又没有在日粮中及时地添加等原因，都会导致维生素 A 缺乏。

【临床症状】本病主要表现皮肤和黏膜角质化，腺上皮被无分泌的扁平上皮代替。维生素 A 缺乏时，会引起黏膜上皮干燥和过度角化，尤以眼结膜、生殖器官的黏膜病更为严重。病狐视力减弱，反应迟钝，眼睑肿胀，眼球突出，严重者头肿胀，角膜混浊，并伴有神经症状。幼狐和成狐临床表现基本相同，短时间内缺乏维生素 A 的动物不表现临床症状，经过 2～3 的月才出现临床症状。其早期症状是神经失调，抽搐，头向后仰，病狐失去平衡而倒下。病狐的应激反应增强，受到微小的刺激便高度兴奋，沿笼转圈，步履摇晃，角膜干燥。浑浊、视力减退以致失明。个别病例神经性发作持续 5～15 分钟。仔狐肠道机能受到不同程度的破坏，出现腹泻症状，粪便中混有大量黏液和血液；有时出现肺炎症状，生长迟缓，换牙缓慢。繁殖期缺乏维生素 A 时，公狐表现性欲减退，睾丸缩小，精子活力不强，精子畸形和死精等。母狐发情正常，性周期紊乱，造成失配、空怀、流产、死胎或胚胎吸收。

【剖检变化】死亡尸体一般比较消瘦，贫血。仔狐常有气管炎、支气管炎。幼狐也常发现胃肠炎变化，胃内有溃疡，肾和膀胱发现有结石。

【诊断】当狐有特征性临床症状时，可做出初步诊断。但是要确诊，需对病狐血液和死亡动物的肝脏进行维生素 A 含量进行测定，也可在日粮中加喂维生素 A 进行治疗性诊断来确诊。

【防治】预防本病的发生首先应保证日粮中维生素 A 的供给量，注意饲料中蔬菜、鱼和肝的供给。在狐狸的配种准备期、妊娠期和哺乳期的饲料中，必须添加维生素性鱼肝油或维生素 A 浓缩剂。每天每千克体重 250 单位，实践证明效果很好。因有相当一部分维生素 A 在饲料调制过程中被破坏。狐狸饲养实践中，向日粮内投给肝及维生素 E 具有良好的作用，后者能防止维生素 A 的氧化。应强调指出，酸败鱼肝油绝对不能利用，用后不但不能起到治疗和预防本病的作用，反而对狐狸有害。

治疗本病可在饲料中添加维生素 A，治疗量是需要量的 5 ~ 10 倍，每日每只 3 000 ~ 5 000 单位。病情严重者，可肌内注射维生素 A1 500 ~ 2 000 单位。同时，必须注意饲料内保证有足量的中性脂肪。应用含植物油盐基的维生素 A 制剂曾获得满意效果。

2. 维生素 E 缺乏症

维生素 E 是几种具有维生素 E 活性的生物酚的总称。主要功能是作为生物抗氧化剂。当狐维生素 E 不足时，会引起繁殖机能失调。

【病因】饲料中维生素 E 含量不足，是引起该病的主要原因。除供给不足外，与动物性饲料的贮存和加工有很大关系。动物性饲料冷藏不好，贮存时间过长，使脂肪氧化酸败，都容易使维生素 E 遭到破坏。较长时间（持续 2 ~ 4 周）饲喂脂肪氧化的饲料，能引起狐的维生素 E 缺乏。如果喂给自然烘干的动物性脂肪，也会破坏维生素 E，长期喂给脂肪含量高的鱼类，特别是带鱼、鲭鱼，也会使饲料中的维生素 E 遭受到破坏。另外，当日粮内不饱和脂肪酸含量增高时，维生素 E 的给予量也要相应增加，否则会发生维生素 E 缺乏症。

【临床症状】母狐缺乏微生物E时，表现发情期拖延、不孕和空怀增加，生下的仔狐精神萎靡，虚弱，无吮乳能力，死亡率增高；公狐表现性欲减退或消失，精子生成机能障碍。营养好的狐脂肪黄染、变性，多于秋季突然死亡。

【剖检变化】新生狐仔兽在皮下常发现胶状棕色渗出物。其他器官无明显病理变化。

【诊断】根据临床症状和病例剖检不能确诊，还必须进行日粮的分析，特别注意饲料的质量，当饲料中发现脂肪迅速氧化（贮存较久的马肉、鱼、海兽肉、脂肪等），而在日粮中又未补充维生素E时，即可诊断为本病。在诊断本病时，还要注意与脂肪组织炎进行鉴别诊断。在实践中单纯维生素E缺乏少见，大多与脂肪组织炎一起发生。脂肪组织炎的特点是：皮下高度水肿浸润，尸体好像浸润以血样液体，脂肪呈黄色，皮下脂肪和皮肤不易分离。

【防治】预防本病，要根据狐的不同生理时期提供足量的维生素E，在饲料不新鲜时，要加量补给维生素E。

治疗本病时，首先要补充维生素E，每千克体重5～10毫克，并可选加下列处方的药物。

维生素B_{12}，每千克体重50～100毫克。

青霉素，每千克体重10万～20万单位；磺胺嘧啶每千克体重0.05～0.1克。

乳酶生每千克体重0.2克，拌入饲料中；土霉素每千克体重5万单位，肌内注射。

除药物疗法外，还可进行食饵疗法。在日粮中增加新鲜的含有维生素E丰富的饲料（如新鲜脂肪、小麦芽、豆油、蛋黄、肝），饲料中应注意添加这些食物。在配种期和妊娠期，日粮中必须排除有脂肪氧化的可疑饲料，保证给予新鲜脂肪含量适中的饲料。在配种期必须向日粮中添加维生素E制品。

3. 维生素 C 缺乏症

当狐缺乏维生素 C 时，影响胎儿发育和生长，引起仔狐的"红爪病"。主要危害 10 日龄以内的仔狐，且多数整窝发病，如不及时治疗，大都于 5 日内死亡。

【病因】饲料内维生素 C 含量不足或机体消耗量增加。肝脏机能不健全，在饲料加工中，骨粉与维生素 C 一起饲喂，有效成分招致破坏。经高温遇碱性物质，维生素 C 易造成破坏。

【临床症状】仔狐易发生该病，成狐偶有发生。当怀孕母狐在妊娠期缺乏维生素 C 时，多引起出生仔狐患红爪病。1 周以内的仔狐患红爪病，其特征是：四肢水肿，皮肤高度潮红，关节变粗，趾垫肿胀变厚，尾部水肿。经过一段时间以后，趾间溃疡、龟裂。如妊娠期母狐严重缺乏维生素 C，则仔狐在胚胎期或生后发生脚掌水肿，开始时轻微，以后逐渐严重。生后第二天脚掌伴有轻度充血，此时尾端变粗，皮肤潮红。患病仔狐常发出尖叫，到处乱爬，头向后仰，精力衰竭，甚者不能吸吮母乳。成狐发病时，在笼内不安，里外运动，时而发出尖叫声，母狐把仔狐叼到室外乱跑或咬死。

【剖检变化】生下 2～3 天的仔兽死亡，发现胸、腹和肩胛部皮下水肿和黄疸，在胸和腹部肌肉常常发现广泛性斑块出血。

【诊断】根据典型临床症状、妊娠期饲料和产后第 1 天母兽乳的分析，可确诊。正常成年母兽每 100 毫升乳内含抗坏酸为 0.7～0.87 毫克。而病兽乳中含抗坏酸量仅为 0.1～0.48 毫克。病兽仔兽器官内也确定维生素 C 含量降低。仔兽维生素 C 缺乏病与分娩外伤有类似的地方，要加以鉴别。分娩时损伤，发生于同窝个别仔兽中，出血性质特征是大量出血。

【防治】预防本病要保证饲料中维生素种类齐全，数量充足。在喂不新鲜的蔬菜时，一定要补加维生素 C 制品，每日每头 20 毫克以上。维生素 C 在高温时易分解，一定要用冷水调匀。对患过本病的狐狸，应从种兽群中淘汰，这对防止维生素 C 缺乏症具有实践意义。

母狐产仔后，要及时检查，在产仔后 5 天内，坚持每天检验仔兽，如发现红爪病患狐，应及时治疗，投给 3% ~5% 维生素 C 溶液，每日每头 1 毫升，每日 2 次。可以用滴管经口投入，直到肿胀消除为止。配制的抗坏血酸溶液当天用完。发现母兽乳头发育不全，要将仔兽定期放到母兽乳头上吸奶。产后第 1 天要挤出患病仔兽的母兽乳，这有利于乳的正常分泌，预防乳房炎。同时还应给母狐肌注维生素 C 注射液，每日 2 次，每次 0.5 ~1 毫升；母狐日粮中还应有足量的鱼肝油，有利于缩短病程，促进疗效。

4. 维生素 B_1 缺乏症

维生素 B_1 缺乏症是维生素 B_1（硫胺素）不足，毛皮动物引起大批食欲消失、共济失调和麻痹为特征的疾病。

【病因】饲料单一、动物厌食、患有吸收功能低下的疾病，以及寄生虫感染、衰老等原因均可引起维生素 B_1 缺乏症。长期饲喂含有破坏维生素 B_1 的硫胺素酶的淡水鱼或某些海鱼，或以酵母作为饲料中 B 族维生素来源的日粮（酵母虽然含有丰富的 B 族维生素，但维生素 B_1 并不多），易引起本病发生。饲料不新鲜，腐败变质，冷藏时间过长，饲料偏碱，长期饲喂含脂肪高的肉类，含有较多的不饱和脂肪酸，易氧化变质，另外，软体动物及蚕蛹生喂也极易引起此病。

【临床症状】维生素 B_1 不足，经过 20 ~40 天，会引起多发性神经炎，病狐表现厌食或拒食。以后开始衰弱，走步摇晃，并引起抽搐和痉挛，若不治疗，很快即会死亡。病狐体温降低，心机能减弱。消化机能障碍，目光迟钝，鼻镜干燥，有时腹胀，下痢，有的呕吐白沫或血沫，全身卷缩，消瘦，被毛蓬乱，可视黏膜苍白。共济失调，后驱麻痹，不能站立，呈匍匐前进。维生素B_1缺乏还可引起狐性周期和胚胎发育的破坏。妊娠母狐可以导致孕期拖长，仔狐发育停滞，生命力弱，死亡率增高，出生后的仔狐在哺乳期间腹泻。

【剖检变化】新生仔狐头部发生出血和血肿。死亡狐体保持良好膘情。有时妊娠母狐出现木乃伊化胚胎。组织学检查神经系统发生广泛性损害。

【诊断】根据大批狐狸食欲消失和共济失调可做出初步诊断。但确诊须进行血液和尿液检查。当维生素B_1缺乏时，血液中丙酮含量增高，尿液中维生素B_1含量降低，同时还必须注意分析日粮中促进维生素B_1破坏的因素。在诊断中，还要注意区别脑脊髓炎和食盐中毒。通过细菌学和毒物学可以检查排除。

【防治】预防本病发生，饲料要保证维生素B_1的含量，不能长期喂给狐含硫胺素酶的鱼类，淡水鱼要煮熟后喂。在繁殖期，饲料内应补加维生素B_1，每天给0.4毫克。

早期发现可用维生素$B_1$2～3毫克，口服，连用10～15天。当狐食欲废绝和神经失调时，可肌内注射维生素$B_1$1～2毫升。若在妊娠后期出现流产、烂胎时，可在注射维生素B_1的同时，注射维生素E和青霉素40万～80万单位。

5. 维生素H缺乏症

在毛皮动物机体维生素H缺乏时，以引起表皮角化、被毛卷曲及自身剪毛现象为主要特征。

【病因】维生素H在植物性饲料中含量较多，一般情况下不会缺乏。引起生物素缺乏的主要原因是大量食入与生物素结合的蛋白质或使肠道维生素合成受阻。如生鸡蛋中的抗生物素蛋白、链霉菌中的抗生蛋白菌素等，此外高温、服用磺胺类抗菌药物、食入过多碳水化合物也会造成生物素的缺乏。

【临床症状】病狐脱毛，表皮角质化，新生被毛拖迟。仔狐出现灰色毛皮镶边或黑色毛皮镶边，下边为白色。当母狐妊娠期缺乏时，所剩仔狐后脚掌水肿和被毛变灰。在发情期维生素 H 不足时，母狐空怀率增高。

【剖检变化】狐狸死后表现高度消瘦，肝呈灰黄色，体积增大，肝内脂肪含量达57%。同样发现肾脏和心肌变性。

【诊断】根据临床症状，病理解剖变化及日粮分析等进行综合性诊断，即可确定本病。

【防治】日常坚决不喂氧化变质的脂类饲料；妊娠期、仔狐发育期不喂生鸡蛋及带有氧化脂肪的饲料。不要长期使用抑制肠道微生物的磺胺、抗生素类药物。

发病狐狸，可注射维生素 H 注射液，每次1毫升，1周2次，直到症状消失为止。

6. 钙磷代谢障碍

钙磷代谢障碍在临床上主要表现为幼狐的佝偻病，成狐的纤维素性骨营养不良以及产后母狐的低血钙病。毛皮动物在磷和钙的需要上比其他动物要高，这显然与其生长强烈有关。幼狐及妊娠母狐对钙、磷的缺乏更为敏感。

【病因】动物钙磷的吸收是在维生素 D 参与下实现的。钙在维生素 D 的作用下，以磷酸盐形式由肠吸收，并以磷酸盐形式储存于骨骼组织中。狐饲料中维生素 D 含量不足、钙磷不足或钙磷比例不当，则会造成钙磷吸收障碍，破坏骨的正常形成，发生佝偻病和纤维素性骨营养不良。如果幼狐患慢性消化不良或体内有寄生虫，也可以引起本病的发生。妊娠及产后母狐的低血钙症，可能与激素失调、饲养失调、泌乳量高、血钙向胎儿体内转运过多等因素有关。

【临床症状】仔狐、幼狐容易发病，仔狐佝偻病常发生于

1.5~4个月，明显的特征是骨变形，首先是前肢骨，以后后肢骨和躯干骨变形。有时发现小腿骨、肩胛骨及股骨弯曲。肋骨和肋软骨结合处变形，形成捻珠状。头容积变大，腿变短而弯曲，腹部增大下垂。有的仔狐不能用脚掌走路和站立，而用肘关节移行，还有的发生腹泻。佝偻病的病狐对传染病、感冒及其他疾病的抵抗力降低。

患佝偻病的仔狐若不予治疗，以后会发生纤维性骨营养不良，于5~9日龄动物发现本病。表现为齿龈肿胀，牙齿松动，上颚增大，头变畸形。病狐以半开口坐着，齿龈高度水肿，颚不能闭合。骨软化，鼻和颚变形，不便采食，逐渐消瘦。

妊娠或产后母狐的低血钙症主要变现为肌肉震颤，全身肌肉间歇性或强直性痉挛，卧地不起，角弓反张，四肢划动呈游泳状，口吐白沫，呼吸急促，可达100~200次/分，如不及时治疗，则易死亡。如发生在产后距分娩时间长的病例，其肌肉强直性痉挛症状轻，有轻度的神经症状，定向困难，运步不稳，食欲减退，常伴有呕吐。血清钙和血清磷含量均降低。母狐发病由于髋关节不正常，形成难产和仔兽死亡数增加。

【剖检变化】发现全身贫血，骨骼软化和畸形。管状骨骼肥厚，颅骨变薄，易于压凹。剖检肥厚的上颌时，有时发现囊肿，填满棕色液体。

【诊断】根据佝偻病和纤维素性骨营养不良的临床症状和典型剖检变化，可以建立诊断。

【防治】预防本病重要的是在日粮内加入维生素D，剂量为每千克体重100单位。特别是狐狸饲养于遮光的笼子或棚舍内，以及日粮内骨很少，以肉、鱼的干燥代用品为主的饲料，补加维生素D显得十分重要。应考虑到毛皮动物日粮磷和钙的合理比例，一般应是1:1或1:2，饲料内骨不足可添加骨粉。母狐妊娠和哺乳期，维生素D最小剂量为每千克体重100单位，必要时可以补加其制剂。在狐狸日粮内应含有丰富磷和钙的饲料（乳、带骨鱼、生的青菜），在冬季要给予鱼肝油。食盐是毛皮动物日粮的必需组成部分，大型毛皮动物每天为 1.5～2 克。仔狐要经常晒太阳。

治疗必须给予维生素 D，通常应用油溶液或鱼肝油。每天量为 1 500～2 000 单位，连续投喂半月左右，症状消失后可转入预防量。同时在日粮内投给鲜碎骨，并发消化不良者，给予易消化的饲料。在应用维生素 D 制剂以前，应对动物补充钙盐和磷盐，如贝壳粉、骨粉、蛋壳粉等。对于低血钙病狐，可用 10% 葡萄糖酸钙 10～30 毫升，5% 糖盐水 100～150 毫升，外加考的松制剂和维生素 C，混合后一次静脉注射，同时配合肌内注射维生素 D_3 等。紧急治疗，注射维丁胶性钙注射液（简称维胶钙），效果特好，而且疗程短，见效快。

7. 肝脂肪性营养不良

肝脂肪性营养不良，又称肝脂肪变性，肝中毒性营养不良，黄脂肪病或脂肪组织炎。本病伴发物质代谢中毒障碍和各器官机能及形态学的严重病变。

【病因】主要是在饲料酸败，又没有加抗氧化剂的情况下发生。特别是贮存过久的鱼引起，鱼类体内所含脂肪为不饱和脂肪酸，贮存过久或贮存温度偏高极易氧化而产生一些有害物质，如用其连续饲喂毛皮动物一段时间后，便可导致黄脂肪病发生而死亡。维生素 E 和维生素 B 及硒的缺乏促进本病的发生和发展。

饲料保存时间过久或保存条件不良，被产毒细菌（魏氏梭菌、大肠杆菌或某些霉菌）侵害，饲喂这种饲料 15～20 天即可发生肝中毒性营养不良。

【临床症状】本病有急性和慢性之分。

急性型：在毛皮动物常发生于 7～8 月体质肥胖的幼龄狐。

病的主要症状为腹泻，粪便呈绿色或灰褐色，内混有气泡和血液，最后变为煤焦油状。食欲废绝，渴欲增强，常发生痉挛及癫痫发作，不久招致死亡。

慢性型：病狐显著沉郁，很少活动，拒绝饲料。体重减轻。被毛蓬乱无光，有的可视黏膜黄疸，一般体温正常，个别稍升高，最后出现腹泻，粪便呈黑褐色并混有血液。步态不稳，个别病例后肢麻痹或痉挛发作，出现不自然的尖叫。

妊娠母狐发生性器官流血、流产，肝脂肪营养不良，常引起胎儿吸收。本病死亡率在 10% ~ 70%。

【剖检变化】急性病例尸体营养良好，慢性病例表现衰竭，个别病例肥度正常。尸僵不明显，被毛蓬松，肛门部常被煤焦油样粪便污染，有的毛皮动物可视黏膜黄疸。当毛皮动物发生黄脂肪病死亡时，尸体剖检病变可见全身皮下脂肪黄染，尤以背部和鼠蹊部明显。主要病理解剖变化发生在肝和肾。肝增大质脆弱，呈灰黄色，切面干燥无光泽，质地粗糙而脆。当弥漫性肝脂肪变性时，肝块漂浮于水内，当切开时在岛上留下脂肪薄膜。胆囊高度充盈，充满黏稠黑绿色胆汁。肾增大，呈灰黄色，切面平展。脾增大仅见于妊娠母狐。胃通常空虚，含少量黑色黏液，个别病例胃底部黏膜表层有淡褐色底的溃疡。肠系膜、大网膜及肾脂肪囊均呈黄色。严重中毒病例，剖检变化也见于心脏。心脏扩张，心肌切开色淡，有显著纹理去，稀有心肌呈煮肉状。组织学检查确定，肝和肾不同程度的脂肪和颗粒脂肪变性。肝细胞容积增大，胞核挤到一侧。严重中毒发生扩散性脂肪性变性，此时大量脂肪主要以小滴状存在于肝小叶周围或在小叶中心的肝细胞内。毒物位于细胞中心，细胞皱缩，容积缩小，淡染。在发生颗粒性变性的病例，在肝细胞原生质内除脂肪滴外，还有小蛋白质颗粒。于心肌发生不同程度的颗粒变性和脂肪变性。死于妊娠期的母狐，脾组织学检查，可确定巨核细胞数量增加，网状细胞增生。

【诊断】根据临床、病理解剖及组织学变化以及饲养状况，可以确定毛皮肝脂肪性营养不良。为排除传染病，必须把病理材料送实验室检查。同时，还要进行饲料毒物学检查。必要时，对饲料进行维生素和脂肪含量检查。

【防治】为治疗和预防本病，必须采取综合性组织管理、兽医卫生和治疗预防措施。

为预防目的，必须认真检查每一批肉类和鱼饲料的质量，不许给予被产毒细菌和真菌污染的饲料，以及长期保存脂肪含量高的动物性饲料。被覆有黏液薄膜的肉、鱼饲料，无论以生或熟的形式都不能喂兽。经高锰酸钾洗涤过的饲料，禁止给予妊娠和哺乳的母狐。在饲料中补充维生素 E 和氯化胆碱能预防该病的发生。特别是长期饲喂贮存过久或已氧化变质的鱼类，更应大剂量补充维生素 E 和氯化胆碱。

当发生本病时，日粮内应加入质量好的富含全价蛋白的饲料。母狐日粮从 1 月到产仔末期，应当有足够量的全价动物性饲料，保证蛋白质、碳水化合物、维生素的含量。在 B 族维生素含量上经常应考虑酵母、新鲜鱼肝油的补给。为预防母兽流产的发生和对肝脂肪性营养不良以良好的影响，在繁殖期应用维生素 E、维生素 B_{12}、维生素 C 和叶酸。必须指出，维生素 E 的作用应在用后 4 ~ 5 周之后才开始发现，因此必须提前补给。

在本病治疗中，为预防继发性细菌感染，提倡应用抗生素或磺胺。如已确诊毛皮动物发生了黄脂肪病，应立即停喂变质的鱼、肉类，更换新鲜的动物性饲料，同时对病兽注射维生素 E，每千克体重 10 毫克，维生素 B_1 每次 25 ~ 50 毫克。对消化系统有炎症的，可选用庆大霉素、诺氟沙星等控制肠炎。亚硒酸钠具有强心和抗氧化剂作用。在毛皮动物饲料内加入适量该制剂是有益的，按动物每千克体重 0.1 毫克加入，饲喂一周，间隔一周，这样连续一个月，表现出明显治疗效果。但应强调指出，亚硒酸钠具有很强的毒性。当剂量增大时，即能使动物中毒。因此，必须严格控制用量，放饲料后一定调制均匀后喂给。氯化胆碱和维生素 E 一样，对黄脂肪病有很好的效果，对病兽和健兽都可随饲料投给，每只每次喂 60～80 毫克。

九、中毒性疾病

中毒性疾病是指吃了含有毒素的食物而造成的病态反应。为预防中毒，必须了解可能引起中毒的原因和掌握毒物作用的条件，以杜绝发病的原因，控制毒物作用的条件。

引起中毒的原因较多，但主要有以下几方面。

（1）由饲料发霉、腐败而发生中毒

狐狸饲料包括动物性的鱼、肉；谷物性的玉米、小麦及多汁的蔬菜、水果等，这些饲料的运输、储存和保管不好，很容易造成腐败变质而产生毒素，引起动物中毒。

（2）鱼、肉等动物性饲料，被产毒细菌污染使狐狸中毒

这种动物性饲料运输、贮藏都需要一定设备条件，如缺少冷冻设备或冷藏条件不好，均会使产毒微生物繁殖。特别是肉毒梭菌所产生的毒素引起的中毒，给养狐业造成的危害是惨重的。

（3）由于消毒、灭鼠和灭虫为目的所应用的药物，不小心和不合理的结果，使毛皮动物中毒

如灭鼠药磷化锌、安妥，不小心混入饲料中或用其制成的毒饵被毛皮动物吃掉都能中毒。

（4）采食喷过农药的饲料或饲草而发生中毒

为预防作物害虫，经常应用敌百虫等有机磷和氯农药。如给毛皮动物饲喂了喷洒过这些农药的饲草或饲料，而又未经无毒处理，即会造成中毒。

（5）治疗时用药不当，也能引起毛皮动物中毒

特别是治疗皮肤病和外寄生虫病时，不遵守用药规则而常发生中毒。如煤酚皂、敌百虫及龙胆紫等。

（6）由舐食某些矿物质或有毒金属等，也会发生中毒

笼子喷漆类或铅油等而引起铅中毒。

（7）未经检疫的农畜肉作为饲料饲喂毛皮动物，有时会引起细菌中毒

致使毛皮动物中毒，必须具备两个方面的条件，一是有毒物质的量，二是有机体的状态。只有具备足够量的有毒物质，而又在机体状态事宜的条件下，才能发生中毒。

毒物影响狐狸的机理研究尚不充分。但毕竟有毒物质的量是中毒的基础。微量有时不引起中毒，少量则引起轻度中毒，大量则造成严重中毒或死亡。除毒物的量意外，毒物的理化性状也有直接影响。易溶解的毒物比难溶解的毒物毒性大。如氟化钠是易溶解的化合物，易于被肠道吸收到血液中，因而蓝狐迅速的引起特征性中毒；而氟化镁为难溶物质，在胃肠道内几乎不被吸收，因而不引起毛皮动物中毒。

毒物在光线、空气、湿度和温度的长时间的作用下，会发生毒力降低或升高的变化。例如，毒扁豆碱和毛果芸香碱等毒性减小，氯化钾则变为无毒的碳酸钾，而灰色水银软膏则易于形成被动物皮肤吸收的脂肪酸汞，其毒性增加。在饲料中的硝酸盐，可能变为亚硝酸盐而获得毒性。有些饲料聚集微生物的毒素及其他。

作为动物机体的状态，对中毒的影响也是很明显的。当动物经口中毒时，胃内容物的量和性质有很大作用。胃内饲料多，吸收毒物缓慢，这就明显影响中毒的临床表现。胃内饲料的性质对中毒影响更大。如果饲料内含有较多的鞣酸物质，那么进入胃内的生物碱不显示有毒作用，而失去中毒的特性。

还应指出，毒物对老龄和幼龄动物，特别是衰竭的病狐作用相对较为剧烈。尤其是侵害排泄器官和肝脏的毒物更为明显。另外，妊娠期母狐比哺乳期母狐容易中毒，因为后者可构成的毒物可由乳中排出。

1. 肉毒梭菌毒素中毒

本病是人畜共患的一种急性致死性中毒症，由梭状芽孢杆菌属肉毒梭菌污染肉类或鱼类饲料产生的外毒素引起急性中毒性传染。本病的主要特征是运动肌肉不全麻痹或麻痹，失去运动性。此病危害较大，国内外均有发生。

【病原】肉毒梭菌，又称腊肠中毒杆菌。此菌有 A、B、C、D、E 和 F 6 型。其毒素致病作用相同，但抗原结构不同，同型毒素只能被同型血清所中和。引起动物中毒的多为 C 型。本菌长 4 ~ 6 微米，宽 0.3 ~ 1.2 微米，呈单个或成对排列，有较弱运动性，顶端芽孢呈网球拍状。宽度大于菌体。为革兰氏染色阳性。

肉毒梭菌为专性厌氧菌。能分解蛋白质，产生外毒素。此毒素超越所有已知细菌毒素。0.1 微升毒素即可杀死豚鼠。此毒素具有较强的抵抗力，在低温和高温下都能很好保存。煮沸 3 ~ 5 分钟能破坏。肉毒梭菌芽孢在土壤中能保存 10 年；煮沸 3 ~ 5 小时死亡；20% 福尔马林 24 小时杀死，当温度达 105℃ 时，经 1 ~ 2 小时被破坏。

【流行特点】所有狐狸对肉毒梭菌毒素都易感。特别是 C 型肉毒梭菌更为严重。本病没有年龄、性别、季节性的区别，常为群发，秉承 3 ~ 5 天，个别为 7 ~ 8 天。

本病突然发生，其死亡率和延续性与食入的毒素多少有关。一般发病的第一昼夜死亡 70%，第二昼夜死亡 20%，第三昼夜死亡 9% ~ 10%。

【临床症状】本病潜伏期为 8 ~ 10 小时到 24 小时，稀有 2 ~ 3 昼夜者。本病为超急性经过，少有急性经过者。病狐表现运动不灵活，以后躺卧，不能站立。后肢或前肢不全麻痹，因此病狐出入小室时，常梗塞于室口内。将这样狐狸拿于手中，其肌肉松弛无力，如长袜子一样在手中垂下。有的狐狸出现流涎和口吐白沫，浸湿颈下部被毛。瞳孔散大，眼球突出。有的狐发出鸣叫。很少下痢和呕吐。不久昏迷，招致死亡。有的狐无明显症状而突然死亡，死前呈现阵发性抽搐。

【剖检变化】本病无特征性变化，尸体营养良好，胃肠空虚，胃内有少量饲料块，胃肠黏膜充血，出血并附有黏液。肝脏充血、淤血，呈樱桃红色或暗紫色。肺充血、水肿，呈暗红色。肾脏充血、淤血，三界清楚。肺及肋膜有出血斑。

【诊断】根据狐狸食后 8 ~ 12 小时突然全群发病（不论年龄、性别，而且多为健康良好、食欲旺盛的狐）并大批死亡，伴有肌肉麻痹或不全麻痹，病理解剖无显著变化，可怀疑为肉毒梭菌毒素中毒。进一步诊断，可将剩食和死狐胃内容物送实验室检查。细菌形态检查和培养无特殊意义，而毒素检查具有临床诊断价值。为检查其毒素，可将待检材料（饲料、胃肠内容物），加入灭菌生理盐水（1∶2 比例），在灭菌乳钵中研碎，再放室温浸出 1 ~ 2 小时，滤过使之透明。将其滤液饲喂两只豚鼠，如有毒素，豚鼠经 3 ~ 4 天发生麻痹症状而死亡，少有延长到 10 ~ 12 天死亡。对照组试验豚鼠饲给加热 100℃ 30 分钟的检样，因毒素在此温度下破坏，故对照组动物存活。

【防治】从根本上预防本病，应注意饲料的卫生检查，用自然死亡动物的肉类时，一定要经过高温处理后再喂。最有效的预防办法，是注射肉毒梭菌疫苗，而且最好用 C 型肉毒梭菌疫苗，每次每头注射 1 毫升，免疫期 3 年。

本病因来势急，死亡快，群发等特点，一般来不及治疗。特异性疗法，可用同型阳性血清治疗，效果较好。对症治疗可用强心、利尿剂，皮下注射葡萄糖溶液等。

2. 霉玉米中毒

【病因】主要是玉米或玉米面发霉所致。霉玉米中毒主要是由 3 种毒性较强的镰刀菌所产生的毒素引起的。

【临床症状】病狐表现食欲减退，呕吐，拉稀，精神沉郁，出现神经症状，抽搐、震颤、口吐白沫，角弓反张，癫痫性发作等。急性病例有时看不到症状即突然死亡。

【剖检变化】解剖可看到胃肠黏膜出血、充血、溃疡、坏死；肝、肾充血、变性及坏死；口腔黏膜溃疡、坏死。

【诊断】狐场如在同一时间内多数狐狸发病或死亡，应首先检查饲料质量，特别是谷物饲料，再结合流行病学和临床症状、病理变化的功能，进行综合诊断。玉米如有发霉变质情况，要采样送化验单位进行毒菌分离和鉴定，根据经验结果做出最后诊断。

【防治】饲料储存时要保持通风、干燥，并经常晾晒。粉碎后的玉米面要及时散热。采购时要防止不合格的玉米进场。

发现本病发生，应立即停喂有毒饲料，在日粮中加喂蔗糖、葡萄糖、绿豆水等解毒，严重时，静脉或腹腔注射葡萄糖注射液。为防止出血，可在葡萄糖液中加入维生素 K_3 和维生素 C。

3. 食盐中毒

食盐（氯化钠）是狐狸营养中不可缺少的成分，适量食盐可增加狐狸的食欲，改善消化。但食盐过量，则会引起呕吐及中毒。

【病因】由于计算失误，饲料中加盐过多，或调料不匀，饲喂含盐量高的咸鱼或鱼粉时脱盐不充分等造成。食入正常量的食盐，如果饮水不足，也会导致食盐中毒。本病如为群发，多为饲料中食盐过量或饮水不足，如为散发，则是因调料搅拌不均匀造成。

【临床症状】患狐高度干渴、兴奋不安、呕吐、从口鼻中流出泡沫样黏液，呈急性胃肠炎症状。腹泻，全身虚弱，出汗，外观病狐呼吸促迫、瞳孔散大，全身无力，可视黏膜呈青紫色；重症者往往口吐带血丝的泡沫或表现为癫痫性发作，运动失调，作旋转运动，嘶哑尖叫，排尿失禁，尾根翘起，疝痛下痢，体温多低下，死前四肢痉挛，麻痹昏迷。

【剖检变化】食盐中毒死亡的动物尸体完整，口腔内有少量的食物和黏液，肌肉呈暗红色，干燥。主要表现是胃肠道黏膜充血和肥厚。肺、肾及脑血管扩张，个别病例心内膜、心肌、肾及肠黏膜有点状出血。

【防治】预防狐的食盐中毒，一定要注意加盐标准。要了解日粮中食盐的含量，特别是喂鱼粉时，一定要检查请出鱼粉的含盐情况，切不可贸然投喂食盐。淡水鱼和海鱼要区别对待。对含盐高的鱼粉或咸鱼要脱盐后再喂。当利用鱼粉、咸干鱼、咸肉或盐浸的鲜鱼喂饲毛皮动物时，如事先不用清水充分浸泡和多次换水，其混合饲料的含盐量将达到 2% ~ 4%，狐采食这样的饲料后会立即引起中毒。另外，加工饲料时要搅拌均匀，同时保证狐狸的充足饮水。毛皮动物食盐的喂饲量以每日每千克体重 0.5 ~ 1.0 克为宜，哺乳期母兽以每日每千克体重 1 ~ 1.2 克为宜。

发现病狐时，要立即停喂含盐量高的饲料，加强饮水，同时喂给牛奶，但以少饮勤填为宜。后期病狐不能自行饮水时，可用胃管给水或腹腔注射灭菌冷水。重症狐要口服牛奶、多次饮水。晚食减半，停喂食盐；同时在饲料中每只病狐添加矽碳银 0.2 克，碳酸氢钠 0.1 克，鞣酸蛋白 0.1 克。患病狐高度兴奋不安者，可给溴化钾等镇静药品。为了维持心脏机能，可皮下注射

10%～20%樟脑油0.5～1毫升，精神沉郁、心力衰竭者，皮下注射维他康复0.2～0.3毫升，用5%～10%葡萄糖溶液10～20毫升皮下多点注射或深部灌肠。为了缓解脑水肿，降低颅内压，可静脉注射25%山梨醇或高渗葡萄糖液。为了促进毒物的排出，可用双氢克尿噻和石蜡油。

4. 鼠药中毒

鼠类是狐场的一大公害，它破坏建筑，毁坏饲养用具，偷吃、污染谷物饲料和肉、鱼饲料。更主要的是鼠类是狐场传染病发生和传播的原因之一。鼠可传递各种传染病，如钩端螺旋体病、犬瘟热、狂犬病、副伤寒等。狐场由于饲料丰富，易遭鼠害，为防止老鼠偷食饲料并传播疾病，狐场经常进行灭鼠工作。市售杀鼠药名目繁杂，成分不一，较常用的杀鼠药有磷化锌和灭鼠灵等。狐因误食毒饵或吞食已毒死的老鼠而发病。因此，一般提倡生物防治。

（1）磷化锌中毒

磷化锌属于急性灭鼠药，对人、畜和毛皮兽毒害较大。

【临床症状】狐食入磷化锌后，常在15分钟至4小时内出现中毒症状。病狐食欲减退，继而发生呕吐，呕吐物在暗处发磷光，同时伴有腹泻、腹痛、粪中混有血液并在暗处发磷光。呼出气和呕吐物发出乙炔气味，或大蒜臭味。病狐烦躁不安，呼吸极度困难和发生肺水肿，表现兴奋过度，强直性惊厥，末期可能处于昏迷状态。全身无力，共济失调，心跳缓慢，尿中有红细胞、蛋白。病狐中毒初期有过敏症状，后期痉挛发作，呼吸极度困难，张嘴伸舌，昏迷而死。中毒后多在3～4小时死亡，幸存者1周后方能康复。

【剖检变化】肺显著出血，间叶水肿，胸膜出血、渗血，肝肾极度充血。亚急性病例，肝苍白，有黄斑，消化道黏膜充血、出血和黏膜脱落。

【诊断】一般根据病史、临床症状（呼吸因难、呕吐）、病理解剖变化（肺水肿、充血）以及胸膜渗出物和胃内容物的蒜臭味，可做出初步诊断。在肝和肾中检查出磷化锌即可确诊。

【防治】预防本病的发生，就是要管理好鼠药，特别是饲料库和饲料加工室。

目前，尚无特异性也无特效治疗方法。病初可用5%硫酸氢钠液洗胃，亦可控服0.2%～0.5%硫酸铜，催其呕吐，以阻止磷化锌的吸收，呕吐后，用0.02%高锰酸钾溶液洗胃，将中毒的狐放置在氧气罩内休息。为了防止酸中毒，可静脉注射葡萄糖酸钙或葡萄糖酸纳溶液，但在出现肺水肿时禁用。静脉注射500毫升内含1～5毫克异丙肾上腺素葡萄糖水溶液，观察效果。前期可采取对症用药，后期多放弃治疗。

（2）灭鼠灵中毒

灭鼠灵属于慢性灭鼠药，毒性中等，能使狐各器官出现广泛的致死性出血。

【临床症状】急性中毒者，无明显症状，很快死亡。尤其是脑血管、心包、纵隔和胸腔发生大量出血时，死亡更快。亚急性中毒者，黏膜苍白，呼吸因难，鼻出血和肠道便血为常见症状。此外，也可见虹膜和眼内出血。严重失血时，动物非常虚弱并有共济失调、心率不齐、关节肿胀等。如果出血发生在脑脊髓或硬膜下，则表现轻瘫，共济失调，痉挛和急性死亡。病程较长者，可出现黄疸。

【剖检变化】本病以大量出血为特点，出血可发生于身体任何部位，如胸腔、纵膈间隙、血管外周组织、皮下组织、胸膜下和脊髓、胃肠及腹腔等处。心肌松弛，心内膜出血，肝小叶中心坏死。

【诊断】根据误食灭鼠灵的病史及严重出血的典型症状，可做出诊断。

【治疗】治疗本病可肌内注射维生素 K，每次 1~2 毫克；也可将维生素 K 溶于葡萄糖溶液中静脉注射，效果良好。

5. 亚硝酸盐中毒

【病因】谷物和蔬菜类都含有一定量的硝酸盐，在肥沃的土壤或施化肥过量的土壤上生长的谷物，硝酸盐含量更高些。含硝酸盐的青绿色饲料若调制不当，在硝酸盐还原酶的作用下，可使硝酸盐转化为亚硝酸盐。青饲料受害虫残伤后，在一定温度和湿度条件下，还原性细菌迅速生长繁殖，很快把硝酸盐还原为亚硝酸盐，食用这种青绿饲料易引起中毒；小火焖煮饲料在 25~37℃ 的条件下，持续 24~48 小时后，饲料中的硝酸盐极易还原成亚硝酸盐，饲喂此种饲料中毒的机会较多。蓝狐中毒多因饲料保管不当、饲喂发热捂黄的青菜造成的。此外，饲料和饮水被含硝酸盐类肥料污染，也可发生中毒。

【临床症状】食入含亚硝酸盐的饲料后，经 15~40 分钟即可出现中毒症状。急性中毒病兽流涎，腹痛，腹泻和呕吐，常突然死亡。典型的亚硝酸盐中毒病例早缺氧症状，呼吸困难，四肢无力，步态蹒跚，时起时卧，肌肉震颤，运动失调，黏膜发绀，脉搏增数、微弱，流涎，呕吐，瞳孔散大，排尿、排粪失禁，角弓反张，或卧地呈游泳状划动，最后因呼吸麻痹而死亡。慢性中毒病兽症状多种多样，孕兽流产、虚弱，分娩无力，怀胎率低下等。有的病兽发育不良，增重缓慢，腹泻，步态不稳，并出现维生素 A 缺乏症、甲状腺肿症状。

【剖检变化】尸僵不全，特征性变化是血液呈黑红色或咖啡色，似酱油样，凝固不良。暴露于空气中后，长时间不能变成鲜红色。胃肠膨胀，黏膜充血、出血，上皮脱落，小肠病变更为严重。心外膜和内膜有点状出血。肝、脾肿大、淤血，肺水肿、充血，全身血管扩张。

【诊断】吃过含亚硝酸盐的蔬菜或青绿饲料，出现中毒症状快。剖检血液呈黑红色或咖啡色，凝固不良，血液置空气中长久是鲜红色，即可初步诊断为亚硝酸盐中毒病。实验室常用二苯胺（DPB）法进行诊断。此法是检测亚硝酸盐最敏感、最简便可靠的方法。取 0.5 克二苯胺，溶于 20 毫升水中，加入浓硫酸至 100 毫升，贮于有色瓶中。检验时，取 1~2 滴可疑材料的溶液或悬液置于玻璃板或白瓷板上，于待检液接近处加 2~3 滴试剂，靠液体扩散效应使两种液滴接触，若有一种蓝色从被检材料弥散至试剂中，即证明有亚硝酸盐存在。注意检验材料稀释用水应无金属盐类。二苯胺试验不仅可检查血液、血清，还可在现场检查饮水、胃内容物等样品。出现阳性反应时对亚硝酸盐中毒的正确诊断具有重要价值。亚硝酸盐中毒与氢氰酸中毒相似，但后者中毒初期血液呈鲜红色，后期才呈暗红色。两者鉴别可采血用分光计检查高铁血红蛋白，其吸收光带在 618~630 纳米处，加入 1% 氰化钾 1~2 滴后，吸收光带消失，即为前者。

【治疗】发现中毒，立即停喂可疑饲料，灌服 0.1% 高锰酸钾溶液 5~10 毫升，并将此液放入水盆内让病兽自饮。10% 葡萄糖 10~20 毫升，维生素 C 10~20 毫克，维生素 B 5~10 毫克，皮下注射 1 次/天。维生素 C 50 毫克，多酶片 0.3 克，乳酶生 1 克，1 次内服。2% 美蓝（美蓝 2 克，溶于 10 毫升酒精中，加等渗氯化钠液 90 毫升）0.5~1 毫升/（千克·体重），静脉注射。要合理贮存饲料，饲料加工前仔细检查，除去腐烂变质的部分，不用放置过久的煮熟青饲料和霉烂饲料喂毛皮兽。

6. 酸败脂肪中毒

【病因】动物性饲料中的脂肪组织没有除净，在夏季高温季节或堆放存贮时间过长，脂肪发生氧化变质，分解酸败，产生一系列有毒物质，如过氧化物，醛类，酮类，臭氧化物和低分子脂肪酸等，被蓝狐食用后易引起中毒。一般多在夏季发生，严重的可引起死亡。

【临床症状】蓝狐中毒后吃食减少或不吃食，精神萎靡不振，眼结膜和口腔黏膜黄染，逐渐消瘦，胃肠胀气，腹围增大，初期发生便秘，后期腹泻。随着中毒的不断加重，兽体高度消瘦，心脏衰竭，体质虚弱，后肢不全麻痹，卧于小室内，常常昏迷并发生死亡。

【剖检变化】剖检可见皮下脂肪出血，水肿，呈淡黄色。肝脏肿大，被膜下有散在的出血点，脾脏肿大，髓质部有多量血液。腹腔，胸腔和心腔有多量淡黄色渗出液。肺脏充血，水肿。大网膜和肠系膜呈污黄色，肿胀。肠系膜淋巴结肿大，呈黑红色。肝肿大，质疏松，包膜下有出血点，有时呈污黄色。肾苍白或灰红色，包膜下有出血，纹理消失。脾增大，脾髓有出血。肺呈均匀充血，有时水肿。胃肠道呈出血性变化，胃肠黏膜出血并有炎性渗出物。

【诊断】根据动物性饲料的质量，临床症状和剖检变化可进行确诊。

【治疗】预防本病要尽量把动物性饲料中脂肪组织剔除干净，脂肪饲料保存不宜过久，并保存在条件稳定的冷库内，同时经常检查，发现脂肪酸败，严禁再用来饲喂。对于本病治疗的原则是早确诊，早治疗。可用 10% 葡萄糖溶液 6 毫升，维生素 C 2 毫升，复合维生素 B 2 毫升皮下注射；或用青霉素 1 万 ~1.5 万单位，黄连素 1 毫升肌内注射。

第九章　芬兰先进养狐经验介绍

芬兰是世界蓝狐养殖最发达国家之一。芬兰饲养培育出的蓝狐体型大、毛绒好。无论是从饲养技术水平、工艺设备、饲料配制、毛皮加工及市场管理等诸方面均很先进，并已形成较为完整的市场体系，在国际上有较高的声誉。

1. 毛皮动物养殖协会的组织指导

芬兰养狐业之所以发展迅速，与毛皮动物养殖协会（图9-1）的组织指导作用密切相关。该协会在各饲养场很有权威性，有配套的饲料中心、研究中心和拍卖中心等机构，且具经济实体作用。主要是给毛皮养殖的农场主提供一些帮助和咨询；发展毛皮动物养殖业；善待动物及一些相关的研究；监督饲料质量；支持与毛皮有关的活动。芬兰人要想从事毛皮兽饲养，首先必须加入养殖协会，协会要求会要遵守动物保健与福利、栋舍建设、饲养、育种、环境保护、养殖场卫生、培训以及非常条件下的应对机制等标准，经协会培训批准后所有选场、建场、种兽、饲料等问题，均由协会组织服务到位，饲养者只出劳力而已。

2. 合理的区划和布局

芬兰国土面积不大，但养狐业却相当发达，狐狸养殖主要集中在芬兰西北部地区很小的面积，在这里芬兰政府有严格区划，养狐密集区的规划方式，是芬兰养狐业向产业化、集约化发展的需要。芬兰从事毛皮动物科研的研究中心就设在该区内，密集型的养狐场分布也为统一调运饲料、统一育种和卫生防疫提供了诸多方便。密

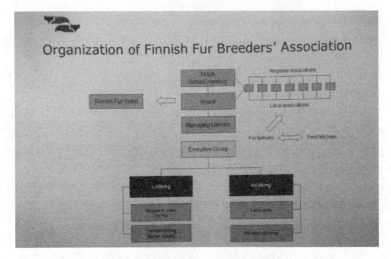

图 9 - 1　芬兰毛皮动物养殖协会结构图

集型的养殖又使种兽所处的地理环境、饲养条件等趋于一致，因此，所生产的种兽和皮张产品的质量也大同小异基本一致。

3. 注重科学研究，重视培育良种

近年来，芬兰蓝狐体型选育取得了突破性的进展，其皮张尺码已由 20 年前的长 90 ~ 95 厘米（宽 18 厘米），一跃达到目前的 118 厘米以上（宽 22.5 厘米）。他们在长期育种过程中发现体质疏松、体型粗犷的狐皮张延伸率高，而这样的狐同时性情温顺、运动量少而饲料报酬高。由于长期不懈地坚持了对这些性状的选育，因而收到了明显的成效。芬兰蓝狐的育种工作非常注重全国的同步性，在养殖协会和研究中心指导下进行，各场际间调换种兽经常性按计划执行。

芬兰毛皮动物养殖协会与赫尔辛基大学共同研发了 Sampo 育种软件，供毛皮的养殖者育种时使用。每只种狐均有谱系卡片

(图9-2)，卡片上标明狐的出生日期、性别、父母号等内容，一目了然，不会出现谱系紊乱现象。软件根据 BLUP—动物模型（最佳线性无偏估计）计算出各种指数，对育种值进行估计，通过育种值选种，可以得到稳定的性状遗传。Sampo 指数计算建立在窝产仔数、毛皮质量、分等分级的基础上。Sampo 利用 2 周龄的窝产仔数计算繁殖力指数。表型指数根据蓝狐体型、毛皮质量的等级评分进行计算，包括了蓝狐体型、毛色、针毛覆盖率、毛皮外观等信息，性状分为一至五等，一等表示差的（体型、针毛覆盖率、纯度、毛皮外观）、小的（皮张尺码）和浅色的（毛色）；五等表示较好的、大的和深色的。种狐资料都输入到电脑保存，用电脑编制配种方案，根据育种值选择种狐可以逐年获得遗传进展，并且不会出现近亲配种而导致种群衰退。

图9-2 育种卡片

芬兰狐场普遍采用人工授精技术，并研制出成套的精密仪器和设备，尤其是狐狸测情器的使用，对蓝狐的适时输精提供了很好的辅助工具。蓝狐人工授精的产仔率一般都在 90% 以上，通过人工输精，充分发挥了优秀公狐的遗传特性。

4. 种兽和皮狐分群饲养

芬兰蓝狐按种、皮兽全年分群饲养，老母兽和老公兽在仔兽分窝时进行初选，继续留种的移入单笼集中在一起饲养。幼兽在分窝时初选，选留的幼兽每窝一个笼舍，也集中成群按种兽标准饲养。初选后剩下的老、幼兽均按皮兽标准饲养。种兽的饲料配比比皮兽的饲料蛋白质偏高而能量较低，且种兽供给饲料量比皮兽要少。芬兰的种公狐要求体型修长而不过肥，成龄体长达80厘米以上；而种母狐要求体长适中（65～70厘米）不过肥。芬兰人认为，体长性状的遗传关键在公狐，故对公狐选种很严。而母狐要求有较高的繁殖率，特别是仔兽成活率。他们认为体型过大的母狐繁殖力低，母性和泌乳力差，因此，并不把种母狐养得过大。芬兰这种常年种、皮兽分群饲养的方式，有利于定向培育，降低饲养成本和便于管理。

5. 先进的饲养方式

芬兰养狐机械化程度很高（图9-3至图9-5），饲养定额也很高，人均饲喂狐达5 000只之多。芬兰养狐业分工明确，生产集约化、规模化，饲料由饲料厂统一生产、配送。其不同生产时期的日粮配方均由养殖协会和研究中心提供，因而饲料的配比准确、均衡，能从饲料的角度充分发挥狐生长发育的遗传潜能。其能量饲料是以脂肪为主，能量饲料中脂肪和碳水化合物的能量比例高达2∶1，因而提高了能量的消化和利用率。

饲料厂加工好的新鲜的膏状饲料用保温车送到饲养场，大部分饲料贮存在养狐场的特制贮藏罐中。饲料离开饲料厂时温度要低于8℃，在温暖的季节温度应在0～6℃。贮藏罐的隔热性能使罐内饲料即使在夏季也能保持恒温，贮藏罐内的温度每天最高能增加1～2℃，新鲜饲料当天喂完。为保证饲料保存的质量，每天贮存的饲料喂完后罐内要清洗，食车也天天清洗，防止残余的饲料发酵和污染。仔狐育成期每天饲喂2次，即在8时和16时饲喂。每次投喂时，饲养员开着电瓶车，到大罐下面取膏状饲料，然后投喂种狐和育成狐。狐笼处有一块不锈钢板，斜放在狐笼前，斜板呈 45°角，饲养员把膏状配合全价饲料准时投放到笼外斜板上，根据种狐和育成狐的食量，以电瓶车脚踏板控制饲料投喂量。到 10 月末，每天 9 时投喂，投放饲料量应足够全群狐一天所需。每年 10 月末蓝狐配合饲料按 12% 水分、屠宰畜禽下脚料 34%、鱼的副产品 8%、波罗的海鲱鱼 25%、豆饼和鱼粉 11%、谷物 14%、麦麸子、草粉、蔬菜 5% 和脂肪（纯动物油）2.5%。芬兰蓝狐用鲜料饲喂，饲料干物质含量高，全年平均为 36%。配制好的鲜饲料放在不锈钢食板上，根本无水溢出，也流不到下面；狐吃完饲料后，不锈钢斜板用电瓶车水枪冲洗干净。芬兰蓝狐饲料配比中动物性饲料占 66%，动物性蛋白占日粮蛋白中的比例可高达 68% 左右，芬兰蓝狐从分窝到取皮大约消耗 60 千克饲料。芬兰蓝狐每天喂 2 次，进入 10 月中旬每天投料 1 次，自动化饮水。由于芬兰北极狐饲料干物能量水平高，所以狐长得快，到 11 月 20 日公狐重达 15～16.5 千克，母狐体重在 13.5～16 千克。

芬兰养狐的笼舍较大，一般长约 1.0 米、宽 1.5～2.0 米、高 0.8 米，中间的一半是能掀起的盖状笼门。繁殖期每个大笼舍只能饲养 1 只母狐，临产仔前加入长约 70 厘米、宽 50 厘米、高 50 厘米的木制产箱。产箱分走廊和产室两部分，产室底部铺垫细刨花保温，上面压上金属网。产仔分窝以后取出产箱，如母狐继续留种，则移入种兽群集中按种狐要求饲养；如母狐拟淘汰则留在原窝和一部分留作皮用的幼狐一同饲养至取皮；分窝后拟留种的幼狐也移出集中饲养，而留下的皮用幼狐每 2～4 只养在一个笼舍中。采取这种方法可提高笼舍的利用率，方便机械化饲喂，一笼多养能刺激幼狐食欲，减少饲料浪费。芬兰养殖毛皮兽的笼子均为喷塑防锈，严寒的冬季不会将狐的爪部沾冻，也没有污染毛色的现象。

图9-3　自动化喂水设备

图9-4　自动化的喂食车和储料罐

图9-5　笼舍和喂料槽

6. 环境卫生和防疫工作搞得好

芬兰各养狐场都很注重环境及饲养场的清洁卫生。把养狐场选建在远离城镇的森林湖泊附近，以确保空气质量优良。狐场离公路、居民住宅区均在2千米左右。狐场内没有犬、猫、鸡、鸭等动物。从场外引种时，均进行健康检查，种狐进场前必须隔离观察1个月，疫苗接种，严格检疫后，确认健康，方可入场。狐的防疫程序化，定期给狐预防接种犬瘟热疫苗和病毒性肠炎疫苗，每年防疫 2 次，在繁殖季节前的 1 月给种狐注射疫苗，每年仔狐可以在 12～14 周龄时（6 月末 7 月初）注射疫苗。为使仔狐获得被动免疫，可以在分娩前 3 周左右给母狐注射疫苗。如果母狐没有注射犬瘟热疫苗，仔狐就不会获得抗体，可以在仔狐 3 周龄时进行疫苗注射。

疾病的发生与饲养管理及饲料的组成有着密切关系，饲料的组成必须全价、新鲜，腐败变质的饲料坚决不喂，饮水是清洁无污染的自来水。狐场院内道路定期用生石灰、火碱水进行消毒；保持食槽斜板清洁，每天用电瓶车打食枪安上水龙头清洗饲槽斜板；新引进的种狐要隔离 1 个月再放到大群棚内饲养。狐场内存在的产仔哺乳箱，清洗得非常干净，整齐地堆放一边，到下一年产仔前再消毒一次使用。

芬兰养狐场没有专门的兽医，他们重视兽场的清洁卫生，狐笼、产箱内未见粪便堆积，每年定期注射疫苗，因此基本没病，更谈不上有群体的疫情，因此用不着高薪请兽医。

7. 机械化的取皮技术

狐狸的处死、剥皮、刮油、上楦等皮张的初加工采用机械化设备。狐的处死在养殖场进行，用可移动的充电电击处死车处死狐非常迅速和便捷。剥皮机剥取 1 张狐皮仅需 2～3 分钟的时间，刮油机刮取 1 张狐皮仅需 2～3 分钟，而且油脂刮除的很洁净。刮油机的刮刀是一个圆盘状的非金属刃具，其高速旋转切削脂肪的同时与板面摩擦的高温也能使脂肪熔化，并被吸附管道吸到集油桶内，对毛绒无污染。上楦机能自动将楦板上的皮抻长，用两个铁夹夹住后裆部皮板，启动开关时套在楦板上的狐皮即徐徐抻拉和延伸，一般将臀部皮缘拉至临近的 0 标码为止，并不过分抻拉，以防皮张显得毛绒空疏。鼓风干燥有竖直和平行两种方法，效果一样。采用转筒和转笼洗皮以及电动毛刷除尘梳毛更使毛绒灵活华美。可见芬兰狐皮卖价较高也与其先进的取皮技术有关。

8. 狐皮产品尺码大、毛绒品质好

芬兰的狐场由于饲喂了高质量高标准的日粮，平时饲养管理科学，因此，该国生产的商品狐皮堪称世界一流（图9-6）。芬兰狐皮被毛丰厚细密而灵活，针毛平齐有光泽，针绒比例适中，毛色美观，被毛无缠结污染，其被毛品质95%以上均为头路货。在毛皮尺码方面，抽查结果是：0号皮（97厘米以上）占1%～2%；00号皮（106厘米以上）占15%；000号皮（115厘米以上）占50%；0000号皮（124厘米以上）占20%～25%；00000号皮（133厘米以上）占2%～5%；000000号皮（142厘米以上）占1%以上。

图9-6 打成捆的狐狸皮

9. 有规模化、科学化管理的毛皮拍卖市场（图9-7至图9-10）

芬兰生产的蓝狐狐皮的销售，绝大多数是通过芬兰赫尔辛基

毛皮拍卖中心（Sagafurs）或参加丹麦哥本哈根毛皮拍卖会实现的。Sagafurs 有世界上最好的分等分级能力，根据 saga 的质量体系把皮张根据质量分成不同的等级，质量相同的达成一捆，皮张大小和等级由机器自动化分拣，毛皮质量靠雇佣的经验丰富的分级师来分级。拍卖会上竞买市场活跃，毛皮通过拍卖会而获得较满意的销售价格，实现了优质优价。

图 9 - 7　Sagafurs 拍卖现场

图 9 - 8　库房

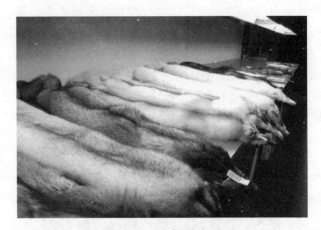

图 9 - 9　分等分级

图 9 - 10　毛皮分等分级设备

附录1　日常饲料配方表

一、东北地区不同生理学时期蓝狐饲料配方

表1　不同生理学时期蓝狐饲料配方（风干基础%）

原料	育成期	冬毛期	配种准备期	妊娠期	哺乳期
膨化玉米	28.20	37.20	36.44	32.10	22.41
豆粕	16.50	16.20	9.00	12.00	15.55
羽毛粉	0.50	0.50	—	—	—
血粉	—	—	0.60	0.60	0.60
乳酪粉	—	—	1.00	0.50	0.90
肉骨粉	6.80	9.00	6.00	6.00	4.40
玉米蛋白粉	8.50	5.30	10.00	13.50	15.55
玉米胚芽粕	15.00	9.00	12.50	8.00	8.00
赖氨酸	0.30	0.50	0.88	0.60	0.22
蛋氨酸	0.20	0.30	0.78	0.60	0.44
鱼粉	16.00	12.00	16.80	21.05	24.15
食盐	0.50	0.50	0.30	0.30	0.30
豆油	6.50	8.50	4.30	4.15	4.83
预混料	1.00	1.00	1.00	1.00	1.00
磷酸氢钙	—	—	0.40	0.10	—
合计	100.00	100.00	100.00	100.00	100.00
营养水平					
代谢能（兆焦/千克）	14.11	14.53	13.35	13.47	13.46

（续表）

原料	育成期	冬毛期	配种准备期	妊娠期	哺乳期
粗蛋白质	32.14	28.07	30.43	35.10	39.84
钙	1.56	1.65	1.60	1.60	1.51
总磷	1.12	1.07	1.14	1.09	1.05
赖氨酸	1.61	1.66	2.48	2.47	2.35
蛋氨酸 + 半胱氨酸	1.19	1.15	1.74	1.74	1.75

二、不同生态区繁殖期蓝狐饲料配方

表2　不同地区蓝狐的繁殖期饲料配方（风干基础%）

山东		河北		天津		吉林	
饲料原料	用量	饲料原料	用量	饲料原料	用量	饲料原料	用量
膨化玉米	36.63	玉米	15	玉米	18.35	玉米	42
豆粕	9.00	血粉	1.85	豆粕	3.65	鸡腺胃	8
蛋白粉	10.35	蔬菜	17.28	麸皮	0.90	海杂鱼	14.6
胚芽粕	12.50	全脂奶粉	1.24	鱼粉	5.50	小红鱼	15.8
血粉	1	进口鱼粉	12.35	鸡肉	71.12	鸡肝	6
肉骨粉	6.50	肉骨粉	4.75	海杂鱼	0.00	鸡骨架	12
乳酪粉	1.34	毛鸡	18.53	鸡蛋	0.00	LYS	0.3
鱼粉	17.00	鸭肝	9.25	添加剂	0.47	MET	0.3
豆油	4.18	鸭架	14.81	—	—	添加剂	1
食盐	0.30	鸡肺	4.94	—		—	
磷酸氢钙	0.1	添加剂	0.5	—		—	
预混料	1						
合计	100	—	100	—	100	—	100

三、东北地区不同生理学时期蓝狐预混料配方

表3 蓝狐预混料配方单位：毫克

原料	育成期	冬毛期	繁殖期
VA（万 IU）	100	100	100
VD（万 IU）	20	20	20
VE（万 IU）	0.6	0.6	1.8
VB_1	600	600	500
VB_2	800	800	1 000
VB_6	300	300	1 000
VB_{12}	10	10	10
VK_3	120	100	200
VC	40 000	40 000	50 000
烟酸	4 000	4 000	4 000
泛酸	1 200	1 200	4 000
生物素	20	20	30
叶酸	80	80	300
胆碱	30 000	30 000	6 000
铁	8 200	8 200	10 000
铜	2 500	3 000	800
锰	1 200	1 500	2 000
锌	4 500	5 200	8 000
碘	50	50	50
硒	20	20	20
钴	50	50	50

四、蓝狐营养需要量推荐表

表4 不同生理学时期蓝狐营养需要量推荐表

项目＼指标	育成期	冬毛期	配种准备期	妊娠期	哺乳期
全混合饲料中推荐营养成分					
粗蛋白（%）	30～32	28～30	30～32	34～36	36～38
粗脂肪（%）	8～10	10～14	10～12	12～14	14～18
粗纤维（%）	4.0～5.0	4.0～5.0	4.5～5.5	4.0～5.0	4.0～5.0
粗灰分（%）	7.0～8.0	7.0～8.0	7.0～8.0	8.0～9.0	8.0～9.0
淀粉（%）	6.0～7.0	6.0～7.0	6.0～7.0	6.0～7.0	5.5～6.5
糖（%）	0.1～0.3	0.1～0.3	0.2～0.4	1.0～2.0	0.3～0.5
Lys	1.4～1.6	1.6～1.8	1.4～1.7	1.8～2.0	1.6～1.8
Met	1.0～1.3	0.8～1.1	1.2～1.4	1.2～1.4	1.3～1.5
主要维生素					
VA（IU）	7 000	7 000	7 000	7 000	7 000
VD（IU）	800～900	650～750	650～750	650～750	650～750
VE（毫克）	50～60	55～65	55～65	55～65	55～65
矿物元素					
Cu（毫克）	20～40	40～60	40～60	40～60	40～60
Se（毫克）	0.3～0.5	0.3～0.5	0.3～0.5	0.3～0.5	0.3～0.5
P（克）	4.5～5.5	3.5～4.5	3.0～4.0	3.5～4.5	4.0～5.0
K（克）	2.0～3.0	1.5～2.5	2.0～3.0	1.5～2.5	2.0～3.0
Na（克）	1.5～2.0	0.8～1.2	1.0～1.5	0.8～1.5	1.5～2.5
Fe（毫克）	80～100	45～55	45～60	45～60	60～80
Mn（毫克）	15～20	10～16	10～16	10～16	10～16
Zn（毫克）	60～80	100～120	100～120	60～80	60～80

附录 2　狐狸常用药物剂量及用法

药物名	剂　量	用　法
青霉素 G（钠或钾）	4 万～8 万单位/千克体重	肌注、静注
阿莫西林	15 毫克/千克体重	口服
氨苄西林钠	50～100 毫克/千克体重	肌注
先锋霉素	10～20 毫克/千克体重	肌注
头孢噻呋钠	10～20 毫克/千克体重	肌注
硫酸链霉素	15 毫克/千克体重	肌注、口服
阿米卡星	5～7.5 毫克/千克体重	肌注
庆大霉素	5～10 毫克/千克体重	肌注
土霉素	15～50 毫克/千克体重	口服
强力霉素	5～10 毫克/千克体重	口服
林可霉素	10 毫克/千克体重	肌注
灰黄霉素	40～50 毫克/千克体重	口服
泰乐菌素	7～10 毫克/千克体重	口服
制霉菌素	5 万～10 万单位/千克体重	口服
两性霉素 B	10～20 毫克/千克体重	口服
磺胺嘧啶钠	220 毫克/千克体重	肌注 首次量 维持量减半
黄芪多糖	2 毫升/千克体重	肌注
新诺明	50～100 毫克/千克体重	口服
利巴韦林	5 毫升/千克体重	肌注
诺氟沙星	10～20 毫克/千克体重	口服
环丙沙星	5～15 毫克/千克体重	口服

（续表）

药物名	剂　量	用　法
维生素 B_1	2～5 毫克/千克体重	肌注
维生素 B_2	0.1～0.2 毫克/千克体重	肌注
维生素 C	5～10 毫克/千克体重	肌注
维生素 E	5～10 毫克/千克体重	口服
维生素 K	0.2～2 毫克/千克体重	肌注
穿心莲注射液	5～10 毫升	肌注
碳酸氢钠	0.2～1 克/只	口服
活性炭	0.3～5 克/次	口服
安络血	2～4 毫升/次	肌注
硫酸亚铁	50～100 毫克/次	口服
叶酸	5～10 毫克/次	口服
胃复安	0.1～0.3 毫克/千克体重	肌注
扑热息痛	100～1 000 毫克/次	口服
阿司匹林	0.2～1 毫克/千克体重	口服
复方氨基比林	50～200 毫克/千克体重	肌注
安乃近	0.5～1 克/只	口服
柴胡注射液	2 毫升/只	肌注
地塞米松	0.25～1.25 毫克/只	肌注
解磷定	20～40 毫克/千克体重	静脉滴注
催产素	5～10 单位/次	肌注
黄体酮	2～5 毫克/次	肌注

附录3 兽药配伍禁忌表

分 类	药 物	配伍药物	配伍使用结果
青霉素类	青霉素钠、钾盐；氨苄西林类；阿莫西林类	喹诺酮类、氨基糖苷类、（庆大除外）、多黏菌类	效果增强
		四环素类、头孢菌素类、大环内酯类、氯霉素类、庆大霉素、利巴韦林、培氟沙星	相互拮抗或疗效相抵或产生副作用，应分别使用、间隔给药
		维生素C、维生素B、罗红霉素、维生素C多聚磷酸酯、磺胺类、氨茶碱、高锰酸钾、盐酸氯丙嗪、B族维生素、过氧化氢	沉淀、分解、失败
头孢菌素类	"头孢"系列	氨基糖苷类、喹诺酮类	疗效、毒性增强
		青霉素类、洁霉素类、四环素类、磺胺类	相互拮抗或疗效相抵或产生副作用，应分别使用、间隔给药
		维生素C、维生素B、磺胺类、罗红霉素、氨茶碱、氯霉素、氟苯尼考、甲砜霉素、盐酸强力霉素	沉淀、分解、失败
		强利尿药、含钙制剂	与头孢噻吩、头孢噻呋等头孢类药物配伍会增加毒副作用
氨基糖苷类	卡那霉素、阿米卡星、核糖霉素、妥布霉素、庆大霉素、大观霉素、新霉素、巴龙霉素、链霉素等	抗生素类	本品应尽量避免与抗生素类药物联合应用，大多数本类药物与大多数抗生素联用会增加毒性或降低疗效
		青霉素类、头孢菌素类、洁霉素类、TMP	疗效增强
		碱性药物（如碳酸氢钠、氨茶碱等）、硼砂	疗效增强，但毒性也同时增强
		维生素C、维生素B	疗效减弱
		氨基糖苷同类药物、头孢菌素类、万古霉素	毒性增强

（续表）

分类	药物	配伍药物	配伍使用结果
氨基糖苷类	大观霉素	氯霉素、四环素	拮抗作用，疗效抵消
	卡那、庆大霉素	其他抗菌药物	不可同时使用
大环内酯类	红霉素、罗红霉素、硫氰酸红霉素、替米考星、吉他霉素（北里霉素）、泰乐菌素、替米考星、乙酰螺旋霉素、阿齐霉素	洁霉素类、麦迪素霉、螺旋霉素、阿司匹林	降低疗效
		青霉素类、无机盐类、四环素类	沉淀、降低疗效
		碱性物质	增强稳定性、增强疗效
		酸性物质	不稳定、易分解失效
四环素类	土霉素、四环素（盐酸四环素）、金霉素（盐酸金霉素）、强力霉素（盐酸多西环素、脱氧土霉素）、米诺环素（二甲胺四环素）	甲氧苄啶、三黄粉	稳效
		含钙、镁、铝、铁的中药如石类、壳贝类、骨类、矾类、脂类等，含碱类，含鞣质的中成药、含消化酶的中药如神曲、麦芽、豆豉等，含碱性成分较多的中药如硼砂等	不宜同用，如确需联用应至少间隔2小时
		其他药物	四环素类药物不宜与绝大多数其他药物混合使用
氯霉素类	氯霉素、甲砜霉素、氟苯尼考	喹诺酮类、磺胺类、呋喃类	毒性增强
		青霉素类、大环内酯类、四环素类、多黏菌素类、氨基糖苷类、氯丙嗪、洁霉素类、头孢菌素类、维生素B类、铁类制剂、免疫制剂、环林酰胺、利福平	拮抗作用，疗效抵消
		碱性药物（如碳酸氢钠、氨茶碱等）	分解、失效
喹诺酮类	砒哌酸、"沙星"系列	青霉素类、链霉素、新霉素、庆大霉素	疗效增强
		洁霉素类、氨茶碱、金属离子（如钙、镁、铝、铁等）	沉淀、失效
		四环素类、氯霉素类、呋喃类、罗红霉素、利福平	疗效降低
		头孢菌素类	毒性增强

附录3 兽药配伍禁忌表

（续表）

分类	药物	配伍药物	配伍使用结果
磺胺类	磺胺嘧啶、磺胺二甲嘧啶、磺胺甲噁唑、磺胺对甲氧嘧啶、磺胺间甲氧嘧啶、磺胺噻唑	青霉素类	沉淀、分解、失效
		头孢菌素类	疗效降低
		氯霉素类、罗红霉素	毒性增强
		TMP、新霉素、庆大霉素、卡那霉素	疗效增强
	磺胺嘧啶	阿米卡星、头孢菌素类、氨基糖苷类、利卡多因、林可霉素、普鲁卡因、四环素类、青霉素类、红霉素	配伍后疗效降低或产生沉淀
抗菌增效剂	二甲氧苄啶、甲氧苄啶（三甲氧苄啶、TMP）	参照磺胺药物的配伍说明	参照磺胺药物的配伍说明
		磺胺类、四环素类、红霉素、庆大霉素、黏菌素	疗效增强
		青霉素类	沉淀、分解、失效
		其他抗菌药物	与许多抗菌药物用可起增效或协同作用，其作用明显程度不一，使用时可摸索规律。但并不是与任何药物合用都有增效、协同作用，不可盲目合用
洁霉素类	盐酸林可霉素（洁霉素）、盐酸克林霉素（氯洁霉素）	氨基糖苷类	协同作用
		大环内酯类、氯霉素	疗效降低
		喹诺酮类	沉淀、失效
多黏菌素类	多黏菌素	磺胺类、甲氧苄啶、利福平	疗效增强
	杆菌肽	青霉素类、链霉素、新霉素、金霉素、多黏菌素	协同作用、疗效增强
	恩拉霉素	喹乙醇、吉他霉素、恩拉霉素	拮抗作用，疗效抵消，禁止并用
		四环素、吉他霉素、杆菌肽	
抗病毒类	利巴韦林、金刚烷胺、阿糖腺苷、阿昔洛韦、吗啉胍、干扰素	抗菌类	无明显禁忌，无协同、增效作用。合用时主要用于防治病毒感染后再引起继发性细菌类感染，但有可能增加毒性，应防止滥用
		其他药物	无明显禁忌记载

（续表）

分 类	药 物	配伍药物	配伍使用结果
抗寄生虫药	苯并咪唑类（达唑类）	长期使用	易产生耐药性
		联合使用	易产生交叉耐药性并可能增加毒性，一般情况下应避免同时使用
	其它抗寄生虫药	长期使用	此类药物一般毒性较强，应避免长期使用
		同类药物	毒性增强，应间隔用药，确需同用应减低用量
		其他药物	容易增加毒性或产生拮抗，应尽量避免合用
助消化与健胃药	乳酶生	酊剂、抗菌剂、鞣酸蛋白、铋制剂	疗效减弱
	胃蛋白酶	中药	许多中药能降低胃蛋白酶的疗效，应避免合用，确需与中药合用时应注意观察效果
	干醇母	强酸、碱性、重金属盐、鞣酸溶液及高温	沉淀或灭活、失效
		磺胺类	拮抗、降低疗效
	稀盐酸、稀醋酸	碱类、盐类、有机酸及洋地黄	沉淀、失效
	人工盐	酸类	中和、疗效减弱
	胰酶	强酸、碱性、重金属盐溶液及高温	沉淀或灭活、失效
	碳酸氢钠（小苏打）	镁盐、钙盐、鞣酸类、生物碱类等	疗效降低或分解或沉淀或失效
		酸性溶液	中和失效
平喘药	茶碱类（氨茶碱）	其他茶碱类、洁霉素类、四环素类、喹诺酮类、盐酸氯丙嗪、大环内酯类、氯霉素类、呋喃妥因、利福平	毒副作用增强或失效
		药物酸碱度	酸性药物可增加氨茶碱排泄、碱性药物可减少氨茶碱排泄

（续表）

分　类	药　物	配伍药物	配伍使用结果
维生素类	所有维生素	长期使用、大剂量使用	易中毒甚至致死
		碱性溶液	沉淀、破坏、失效
		氧化剂、还原剂、高温	分解、失效
	B 族维生素	青霉素类、头孢菌素类、四环素类、多黏菌素、氨基糖苷类、洁霉素类、氯霉素类	灭活、失效
		碱性溶液、氧化剂	氧化、破坏、失效
	C 族维生素	青霉素类、头孢菌素类、四环素类、多黏菌素、氨基糖苷类、洁霉素类、氯霉素类	灭活、失效
消毒防腐类	漂白粉	酸类	分解、失效
	酒精（乙醇）	氧化剂、无机盐等	氧化、失效
	硼酸	碱性物质、鞣酸	疗效降低
	碘类制剂	氨水、铵盐类	生成爆炸性的碘化氮
		重金属盐	沉淀、失效
		生物碱类	析出生物碱沉淀
		淀粉类	溶液变蓝
		龙胆紫	疗效减弱
		挥发油	分解、失效
	高锰酸钾	氨及其制剂	沉淀
		甘油、酒精（乙醇）	失效
	过氧化氢（双氧水）	碘类制剂、高锰酸钾、碱类、药用炭	分解、失效
	过氧乙酸	碱类如氢氧化钠、氨溶液等	中和失效
	碱类（生石灰、氢氧化钠等）	酸性溶液	中和失效
	氨溶液	酸性溶液	中和失效
		碘类溶液	生成爆炸性的碘化氮